FÜR DEN FEINEN JOB GIBT ES DIE RICHTIGEN GERÄTE

PROXXON MICROMOT System

Spezialisten für feine Bohr-, Trenn-, Schleif-, Polier- und Reinigungsarbeiten.

500 g leichte Elektrowerkzeuge für 220 - 240 Volt Netzanschluss. Gehäusekopf aus Alu-Druckguss. Leise, präzise, effizient. Stufenlos regelbar mit Vollwellenelektronik.

Von PROXXON gibt es noch 50 weitere Geräte und eine große Auswahl passender Einsatzwerkzeuge für die unterschiedlichsten Anwendungsbereiche.

Bitte fragen Sie uns. Katalog kommt kostenlos.

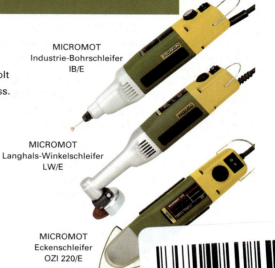

MICROMOT Industrie-Bohrschleifer IB/E

MICROMOT Langhals-Winkelschleifer LW/E

MICROMOT Eckenschleifer OZI 220/E

PROXXON — www.proxxon.com —

Proxxon GmbH - D-54518 Niersbach - A-4224 Wartberg/A...

HEGNER -Feinschnittsägen
vielseitiger und präziser als eine Bandsäge!

Hartholz bis 50 mm
Messing bis 10 mm
Aluminium bis 10 mm
Kunststoff bis 40 mm
Eisen bis 8 mm

holzstaubgeprüft
3 Jahre Garantie

Made in Germany

und dies mit handelsüblichen Laubsägeblättern!
5 verschiedene Modelle lieferbar!

Lieferung über den Fachhandel

HEGNER-Präzisionsmaschinen GmbH
D-78021 VS-Schwenningen • PF 32 50
Tel. 0 77 20/99 53-0 • Fax 0 77 20/99 53-10
Internet: www.hegner-gmbh.com • e-mail: info@hegner-gmbh.com

Aus unserem Bauplanprogramm

Bauplan
Unicorn
Wasserflugzeug von Gunther Rieger

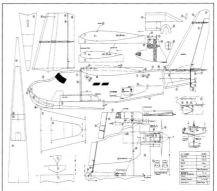

Spannweite: 1,3 m
Länge: 1,16 m
Gewicht: ca. 1,7 kg
Motorisierung: 2 x Speed 500 Race 7,2 V

(elektroModell 2/02)

Best.-Nr. 9796

€ 22,– [D] / sFr. 38,70

Klemm L 20
von Henner Trabant

Verkleinerter Auszug aus dem Bauplan

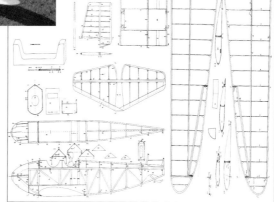

Spannweite 1,85 m
Länge 1 m
Gewicht ca. 1,65 kg
Motor Speed 600 Race
2,5:1 untersetzt
7 Zellen

(Modell 6/99)

Best.-Nr. 9782

€ 20,40 [D] / sFr. 37,–

Neckar-Verlag GmbH • 78045 Villingen-Schwenningen
Tel. 0 77 21 / 89 87 - 0 (Fax - 50)
E-Mail: bestellungen@neckar-verlag.de • www.neckar-verlag.de

Rüdiger Götz • Holzbauweisen im Flugmodellbau

Rüdiger Götz

Holzbauweisen
im Flugmodellbau

Ein natürlicher Werkstoff,
richtig bearbeitet

NV NECKAR-VERLAG • VILLINGEN-SCHWENNINGEN

ISBN 3-7883-2135-0

2., überarbeitete Auflage 2004

© 1997 by Neckar-Verlag GmbH, Klosterring 1, 78050 Villingen-Schwenningen
www.neckar-verlag.de

Alle Rechte, besonders das Übersetzungsrecht, vorbehalten. Nachdruck oder Vervielfältigung von Text und Bildern, auch auszugsweise, nur mit schriftlicher Genehmigung des Verlags

Printed in Germany by BRÄUER GmbH,
Otto-Hahn-Str. 19, 73235 Weilheim/Teck

Inhalt

Vorwort 8

1. Holz - und ein bißchen Theorie darüber 9
1.1 Holz, ein gewachsener Rohstoff 9
1.2 Furnier 12
1.3 Sperrhölzer 13
1.4 Birkensperrholz 14
1.5 Buchensperrholz 16
1.6 Flugzeugsperrholz 17
1.7 Pappelsperrholz 17
1.8 Balsa 18
1.9 Kiefernholz 20
1.10 Ramin 21
1.11 Abachi 21

2. Aus einer Platte werden Teile 23
2.1 Schneiden 23
2.2 Sägen 25
2.3 Bohren 28
2.4 Schäften 30
2.5 Pressen 34
2.6 Biegen 36

3. Holzverbindungen, „nieten oder schweißen"? 39
3.1 Warum klebt Kleber? 39
3.2 Weißleim 41
3.3 Sekundenkleber 43
3.4 Expoxidharz 45

4.	Tragflächen, ein Buch mit sieben Siegeln?	49
4.1	Viele Konstruktions-Möglichkeiten, ein Ziel	49
4.2	Rippen	50
4.3	Holme	63
4.4	Endleisten/Nasenleisten	74
4.5	Randbögen	87
4.6	Ruderklappen	92
4.7	Störklappen	98
4.8	Verkastung	105
4.9	Beplankung	109
5.	Rümpfe	117
5.1	Auf den Inhalt kommt es an	120
5.2	Spanten	126
5.3	Seitenwände	130
5.4	Rumpfrücken	134
5.5	Gurte	137
5.6	Steckung	141
5.7	Beplankung	153
5.8	Streben	163
6.	Leitwerk	169
6.1	Seitenleitwerk	170
6.2	Höhenleitwerk	182
7.	Nicht nur für Schiffe, die Helling	195
7.1	Helling für Rümpfe	196
7.2	Helling für Leitwerke	202
7.3	Helling für Flächen	205
7.4	Helling für Landekufen	207
7.5	Nagelschablonen	209

8.	**Aufwendiger geht's nicht mehr**	213
8.1	Viel Holz und wenig Kohle	213
8.2	Verstärkungen von Holzteilen	217
9.	**Finish**	221
9.1	Holz natur	221
9.2	Balsa pur	223
9.3	Folie auf Holz	224
9.4	Jetzt kommt Farbe ins Spiel	227

Vorwort zur 2. Auflage 2004

Der Bau von Flugmodellen in Holzbauweise ist so alt wie das Hobby selber. Gerade die letzten Jahre haben gezeigt, daß die Holzbauweise nie aussterben, sondern vielmehr neue Wege gehen wird. Viele Anbieter von Großmodellen haben dank CNC-Frästechnik diese Bauweise wieder neu für sich entdeckt. Diese Entwicklung macht deutlich, welche Vorteile dieser natürliche Werkstoff mit sich bringt:

Vom Liebhaber-Einzelstück über die Kleinserie im Vereinsrahmen bis hin zur kommerziellen Serienfertigung, Holz ist für (fast) alles gut. Und so bleibt es nicht aus, daß sich auch dieses Buch über die Jahre hinweg weiterentwickeln wird.

Dabei kann es nicht schaden, einen Blick über den Tellerrand zu werfen, denn die Kombination von modernen Werkstoffen wie GfK oder CfK mit Holz legt ein weites Feld für alle Leichtbaufans offen, denen die Kosten ihres Eigenbaus nicht gleichgültig sind. Das neue Kapitel 8 beschäftigt sich daher mit einer solchen Konstellation.

Doch eines soll weiterhin immer im Vordergrund stehen: Der handwerkliche Umgang mit Holz – ein bißchen Theorie als Vorspeise und viele praktische Tipps als Hauptgang. Guten Appetit.

Villingen-Schwenningen – im Frühjahr 2004

1. Holz – und ein bißchen Theorie darüber

1.1 Holz, ein gewachsener Rohstoff

Holz unterscheidet sich von anderen Materialien im Modellbau dadurch, daß es ein „lebendiger" Rohstoff ist, wobei das natürlich nicht in dem Sinne zu verstehen ist, daß etwas davonlaufen kann. Vielmehr ist hier gemeint, daß es ein gewachsener, natürlicher Rohstoff ist, der auch nach Schlagen des Baumstamms „weiterarbeitet". Holz reagiert mehr oder weniger stark auf Luftfeuchtigkeit, Temperatur und Druck. Wir dürfen auf keinen Fall erwarten, daß Holz die gleiche Form und Oberflächenstruktur beibehält, wenn wir es als Rohmaterial auf dem Tisch liegen haben. Wer kennt nicht all die krummen Kiefernleisten aus dem Baumarkt, wenn sie erst einmal ein paar Monate senkrecht im Regal gestanden haben. Das ist der beste Beweis dafür, daß Holz nicht mit Stahl, Kunststoff oder sonst einem Material vergleichbar ist. Vielleicht ist es auch das Reizvolle daran, bedingt aber bestimmte Techniken beim Bau.

Egal, welches Holz wir nun verwenden, es stammt von einem Baumstamm, und dieser wird nach dem Schlagen weiterverarbeitet, *Abbildung 1.1* zeigt uns einmal den Querschnitt durch einen Stamm, die sogenannten Jahresringe braucht man nicht zu erklären, es geht vielmehr um die Begriffe Mark, Kern, Splint und Rinde. Die Übergänge zwischen den einzelnen Bereichen des Holzstamms kennzeichnen sich durch Dichtesprünge der Jahresringe, jeder hat schon einmal einen geschlagenen Baum am Waldrand liegen sehen. Im Inneren des Stamms liegt bei den meisten Holzarten ein dunkler, scheinbar gefärbter Bereich vor. Es ist der Kern (Abbildung 1.2), und in dessen Innerem befindet sich wiederum das Mark.

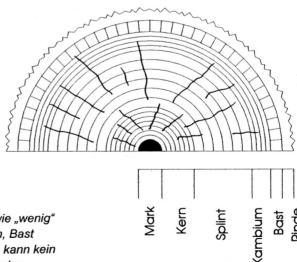

Abb. 1.1
Der Baumstamm-Schnitt zeigt, wie „wenig"
eigentlich nutzbar ist: Mark, Kern, Bast
und Rinde sind Abfall, aus ihnen kann kein
brauchbares Holz gewonnen werden

Abb. 1.2
Wie viele Stämme, besitzt auch dieser im Inneren einen scheinbar gefärbten Bereich, er grenzt das Mark vom Splint ab

Die unterschiedliche Färbung des Kerns samt Mark gegenüber dem Splint liegt darin begründet, daß sich hier die Zellen noch während des Wachstums durch Austrocknen bzw. Ablagern von Harzen, Gerbstoffen und anderen Substanzen verändern, im Prinzip austrocknen. Um den Kern herum finden wir einen Bereich etwas hellerer Färbung, den Splint. Hier liegt noch keine Austrocknung vor, der Baum versorgt sich hierüber mit dem lebenswichtigen „Saft" von der Wurzel aus. Der Kern selber kann übrigens bei einer Kiefer 1/3 des gesamten Stammdurchmessers betragen, und dabei ist er nicht einmal für die Holzverarbeitung geeignet, da durch die frühe Austrocknung von Rissen durchzogen.

Außerhalb des Splints findet die Neubildung bzw. das Wachstum der Holzzellen statt, hier entsteht auf der Innenseite der Rinde jeweils der nächste Jahresring.

Obwohl ein äußerlich unscheinbarer Werkstoff vorliegt, ist er aber sehr strukturiert aufgebaut. Genau diese Ordnung im Inneren ist bedeutend für die Weiterverarbeitung nach dem Schlagen, vor allem für die Festigkeit einzelner Bauteile, und daher setzen wir uns mit der Theorie überhaupt auseinander.

Greifen wir einmal ein konkretes Beispiel heraus, *Abbildung 1.3* zeigt die unterschiedliche Anordnung der Jahresringe einer Leiste gleicher Abmessungen, nur aufgrund ihrer unterschiedlichen „Herkunft" innerhalb eines Stammes. Wer sich fertig konfektionierte Massivholzleisten einmal näher anschaut, wird feststellen, daß hier erhebliche Unterschiede vorliegen. Der Grund ist einfach, ein Baumstamm wird zersägt, und keiner verrät uns, aus welchem Bereich das Holz stammt.

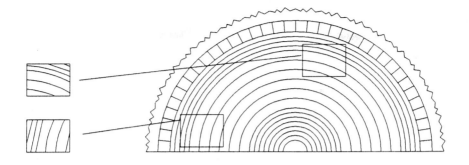

Abb. 1.3
Leiste ist nicht gleich Leiste! Je nachdem, aus welchem Bereich des Stamms sie herausgesägt wurde, liegt die Maserung unterschiedlich

Wen es dennoch interessiert, kann durch „Lesen" der Jahresringe einiges nachträglich erfahren: Je enger die Jahresringe, desto näher war das Holz am Kern und desto „stabiler" ist es. Aber Vorsicht, dabei immer nur einzelne Holzsorten untereinander betrachten, wer Äpfel mit Birnen vergleicht, erlebt eine Bauchlandung, denn der Abstand der Jahresringe ist auch stark von dem Zeitraum abhängig, in dem ein Baum wächst. Schnell wachsende Arten weisen größere Abstände zwischen den Jahresringen auf, langsamer wachsende engere. Damit einhergehend auch die Faustregel, daß schnelles Wachstum leichtere Holzsorten hervorbringt, langsam wachsende Bäume, wie z.B. Eiche, hingegen ein sehr schweres, festes Holz. Also, immer nur Leisten einer Holzsorte vergleichen, doch dann gilt pauschal: Waren sie nahe am Kern, weisen sie relativ enge Jahresringe auf und sind in vielen Fällen besser gegen Verzug und Verdrehen gefeit als solche mit großem Abstand.

Es geht aber noch weiter, als Nächstes ein Blick darauf, wie Jahresringe in unserer Holzleiste zu liegen kommen. Vor allem bei der Auswahl von Holmen für Großmodelle ist darauf zu achten. Die Maserung sollte in Verlängerung der Kraft liegen, befindet sie sich im stumpfen oder spitzen Winkel dazu, ist dies nicht von Vorteil *(Abbildung 1.4)*.

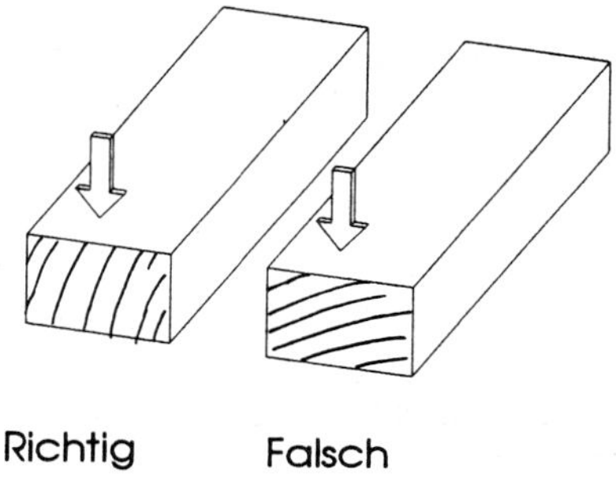

Abb. 1.4
Wer auf Statik achtet, sollte auch dafür sorgen, daß die Maserung in Verlängerung der einwirkenden Kraft liegt

Richtig   Falsch

1.2 Furnier

Es gibt auf dem Markt eine sehr große Anzahl verschiedenster Hölzer, nur ein Fachmann behält da den Überblick. Wir wollen an dieser Stelle auch gar nicht versuchen, uns über die Vielzahl verschiedener Holzsorten zu orientirn, da wir für den Modellbau ohnehin nur auf eine kleine Auswahl zurückgreifen. Diese wollen wir aber im folgenden näher ansehen, Furniere stehen am Anfang.

Was sind Furniere eigentlich? Als Antwort auf diese Frage seien einmal die beiden wichtigsten Methoden ins Gedächtnis gerufen, mit denen aus einem Baumstamm Holz für uns Modellbauer, und nicht nur für uns, zu gewinnen ist. Die erste wäre das Herausschneiden von ganzen Brettern und Leisten, als Massivholz bekannt. Ganz anders geht es beim „Zerschneiden" des Stammes in Furniere zu, hier werden extrem dünne Scheiben vom Baum heruntergeschält oder gemessert. Nun ist Holz von Natur aus aber nicht dafür vorgesehen, in so dünne Scheiben geschnitten zu werden und dann auch noch einen Anspruch an hohe Festigkeit zu erfüllen. Furniere sind als solche nicht „eigenstabil", sie bedürfen eines Verbunds. Im Modellbau ist ein solcher gang und gäbe, und zwar das Beplanken von Styoroporbauteilen mit Abachifurnier. Bis zur Verarbeitung in einem solchen Verbund verlangen Furniere besondere Vorsicht bei Transport, Lagerung und Verarbeitung. Gern wellen sie sich unter Feuchtigkeit oder reißen entlang ihrer Maserung auf. Da wir bei der klassischen Holzbauweise mit reinen

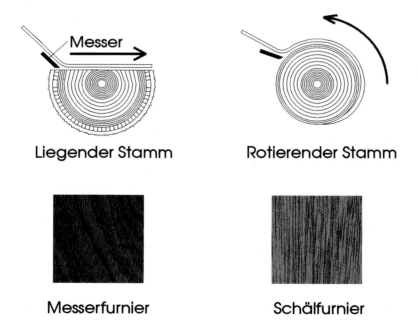

Abb. 1.5
Auf zwei unterschiedliche Weisen sind Furniere zu gewinnen, links das Messern, rechts Schälen

Furnieren relativ wenig arbeiten, wollen wir uns hier auch nur kurz bei ihnen aufhalten. Um den wesentlichen Unterschied in der „Gewinnung" von Furnieren kommen wir aber nicht herum. Es gibt nämlich einmal sogenannte Messer- und Schälfurniere, *Abbildung 1.5* zeigt den Unterschied. Bei Schälfurnieren wird ein rotierender Stamm wie eine Spirale abgenommen, direkt darunter die Struktur der Oberfläche. Bei Messerfurnieren wird der Stamm hingegen Platte für Platte abgearbeitet, einen wesentlichen Unterschied zeigt die Oberfläche. In bezug auf die Festigkeit brauchen wir uns im Modellbau aber keine Gedanken darüber zu machen, mit welchen Furnieren wir arbeiten sollten, aber es ist interessant, einmal darauf zu achten, welche Hölzer nach welchem Verfahren bearbeitet wurden.

1.3 Sperrhölzer

Sperrhölzer sind als schlauer Schachzug daraus entstanden, wie das Holz eines Stammes ohne großen Verlust ausgenutzt werden kann und Platten daraus herzustellen sind, die zumeist größer als der Baumstamm-Querschnitt sind, dazu noch eine erhöhte Festigkeit sowie Resistenz gegenüber Klimaeinflüssen besitzen. Die Herkunft von Sperrholz knüpft an Furnieren an, es ist nämlich nichts anderes als miteinander verklebte Furniere. Es gibt Sperrholz in verschiedenen Stärken, von 0,4 mm bis etwa 25 mm. Damit scheint es sich auf den ersten Blick um etwas Variables zu handeln, aber die Sache unterliegt Regeln. *Abbildung 1.6* zeigt einmal die Mindestvoraussetzung an die Definition eines Sperrholzes, nämlich drei miteinander verklebte Furnierschichten. Diese werden so miteinander verpreßt, daß die Oberflächen-Strukturen kreuzweise aufeinander liegen. Wenn man nur zwei Furnierschichten miteinander verklebt, so liegt zwar ein Ver-

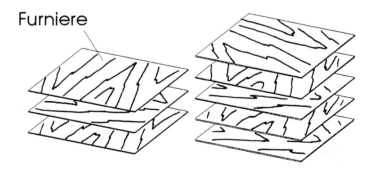

3-Schicht-Sperrholz   5-Schicht-Sperrholz

Abb. 1.6
Sperrholz besteht immer aus einer ungeraden Zahl von Furnierschichten, so daß die Maserung der obersten und untersten Platte parallel zueinander liegt. Im Minimalfall sind drei Furniere miteinander verklebt

bund vor, genaugenommen aber kein Sperrholz. Dies ist auch der Grund, weswegen es keine dünneren Sperrhölzer als 0,4 mm gibt, da sind nämlich drei der dünnsten Furnierschichten miteinander verklebt. 0,6-mm- und 0,8-mm-Sperrholz besteht zwar ebenfalls aus nur drei Furnierschichten, aber diese sind eben etwas dicker geschält bzw. gemessert. Damit ist auch klar, daß nicht unbedingt mit einer Schieblehre die Stärke solch dünner Sperrhölzer nachzumessen ist, die angegebenen Größen können durchaus bis zu 10% schwanken.

Sperrholz ab Dicke 1 mm ist in der Regel aus mehr als drei Furnierschichten verklebt, aber es findet sich immer eine ungerade Anzahl *(Abbildung 1.6)*, so daß die oberste und unterste Furnierschicht wieder parallel zueinander liegen, man spricht hier auch von der Maserung des Sperrholzes.

Durch diesen Aufbau wird klar, daß praktisch unendlich viele Variationen möglich sind, da gibt es Sperrhölzer gleicher Stärke aus 20 oder aus nur 3 Furnierschichten. Im allgemeinen wollen wir uns aber merken, daß die Güte von Sperrholz um so besser ist, je mehr Schichten bei gleicher Dicke vorliegen.

Abbildung 1.7 dokumentiert klare Qualitätsunterschiede, beidemal handelt es sich aber um 6-mm-Sperrholz. Links eines mit der Bezeichnung Flugzeugsperrholz, rechts welches aus dem Baumarkt, in diesem Fall Pappelsperrholz. Es sind zwei Sperrhölzer für völlig unterschiedliche Anwendungszwecke, aber eben beide in gleicher Stärke.

Welche Sperrhölzer stehen eigentlich zur Verfügung? An dieser Stelle muß ein Auge bei der Realität bleiben, ansonsten gehen wir im Dschungel der unterschiedlichen Holzarten unter. Im Verlauf dieses Buches kommen immer wieder vier Sperrholzarten vor, nämlich Birken-, Buchen-, Pappel- und, neutral ausgedrückt, Flugzeugsperrholz. Genaugenommen handelt es sich dabei ebenfalls um Birken- oder Buchensperrholz. Für diese vier Gruppen ist zu klären, in welchen Stärken sie in Frage und wo zum Einsatz kommen sollen.

1.4 Birkensperrholz

Birkensperrholz ist in Stärken zwischen 0,4 mm und 6 mm von Interesse, auch wenn es in größeren Dicken problemlos zu erhalten ist. Beim Flugmodellbau ist aber nun mal auch immer auf das Gewicht zu achten, und bei entsprechender Dicke liegt ein derart hohes, spezifisches Gewicht vor, daß leichtere Hölzer die Alternative sein sollten, ab Stärken von 6 mm z.B. Pappelsperrholz. Der Vorteil von Birkensperrholz liegt in hoher Festigkeit schon bei geringen Stärken.

Birkensperrholz hat sich z.B. als Beplankungsmaterial, und zwar in Stärken von 0,4, 0,6 und 0,8 mm bestens bewährt. Der Bezug des Materials ist aber so eine Sache, im Modellbau-Fachhandel ist es zwar problemlos zu bekommen, jedoch nur in Apotheker-Mengen und auch zu eben solchen Preisen. Das geht so lange in Ordnung, wie nur geringe Mengen benötigt werden, 30 cm x 50 cm sind das Standardmaß. Wer ganze Flächen oder Rümpfe damit beplanken möchte, sollte sich eine andere Bezugsquelle suchen, eine wäre der Holz-Großhandel.

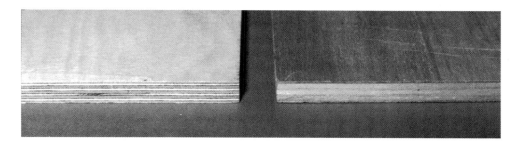

Abb. 1.7
Sperrholz ist nicht gleich Sperrholz, hier zeigen sich klare Qualitätsunterschiede. Links Flugzeug-, rechts Pappelsperrholz. Die Regel lautet: Mit steigender Anzahl an Furnierschichten bei gleicher Dicke liegt qualitativ besseres Holz vor

Die gelben Seiten können vielleicht in der eigenen Umgebung weiterhelfen, wenn nicht, so gibt es zwei im Modellbau bekannte Firmen als Lieferanten. Das wäre einmal Petrausch-Modelltechnik in Iserlohn und die Firma Heerdegen. Beide Firmen vertreiben Birken-Sperrhölzer auch in kleineren Abmessungen, wobei sich ein Kauf in ganzen Platten bei Verwendung größerer Mengen durchaus lohnt. Handelsübliche Maße sind 123 cm x 123 cm bzw. 150 cm x 150 cm. Der Quadratmeterpreis des Materials liegt dann zwischen DM 40,– und DM 50,–. Unverständlicherweise haftet dünnen Birkensperrhölzern immer noch ein Exoten-Charakter an, der Grund ist aber nur darin zu sehen, daß es eben nicht an jeder Ecke zu finden ist.

Abb. 1.8
Birkensperrholz gibt es in Stärken ab 0,4 mm! Ab 5 mm besteht es in der Regel aus 5 Furnierschichten. In dünnen Stärken läßt es sich hervorragend rollen, bei sehr engen Radien ist aber Wässern und Vorbiegen in einer Schablone notwendig

Dickeres Zuschnittmaterial, wir sprechen von 2 mm an aufwärts, findet sich erneut im Fachhandel oder Baumarkt. Wer hier größere Mengen benötigt, sollte einen Preisvergleich anstreben, die Unterschiede sind nicht unerheblich. Birkensperrholz ist in geraden Millimeter-Stärken handelsüblich, 2, 4, 6, 8, 10 und 12 mm sind die Maße. Die Quadratmeterpreise liegen je nach Holzstärke zwischen DM 30,– und DM 40,–.

1.5 Buchensperrholz

Im Prinzip unterscheidet sich Buchen- von Birkensperrholz für uns Modellbauer in nichts voneinander, abgesehen davon, daß es von einem anderen Baum stammt. Buchensperrhölzer unter 1 mm Dicke sind seltener als solche aus Birke zu finden, in Stärken über 2 mm ist es hingegen ebenso problemlos zu beschaffen wie Birkensperrholz. In der Struktur unterscheidet es sich durch eine feinporigere Oberfläche, was beim Verkleben mit Holzleim evtl. ein leichtes Wässern erfordert, damit eine sichere Verbindung möglich wird. Die Oberfläche von Buchensperrholz ist außerdem häufiger gewachst, das bedeutet, sie hat einen leicht schimmernden, glänzenden Effekt, der aber nur in der Form hinderlich ist, daß er vor der weiteren Verarbeitung zu entfernen ist. Leichtes Überschleifen mit feinem Schleifpapier reicht.

Mit Vorsicht zu genießen sind Buchensperrhölzer in Stärken unter 1 mm, denn sie lassen sich nicht so leicht biegen wie Birkensperrholz. Das liegt u.a. an der feineren Struktur, das Holz wächst nämlich langsamer als Birke. Bei engeren Radien kann es schon mal brechen, wässern oder biegen über Wasserdampf

Abb. 1.9
Flugzeugsperrholz ist eine Qualitätsbezeichnung, kein Hinweis auf eine bestimmte Holzsorte. Es ist ein Sperrholz mit vielen Furnierschichten, solche aus Birke dienen oft als Grundlage

kann eventuell Abhilfe schaffen. Was aber bleibt, ist eine sehr starke Reaktion auf die umgebende Luftfeuchtigkeit, bei Änderung neigt es zu starker Faltenbildung. Eine Katastrophe, gerade beim Einsatz als Außenbeplankung. Bei Stärken unter 1 mm kommt für uns also nur Birkensperrholz in Frage, solches aus Buche ist hier tabu.

Sowohl bei Buchen- als auch Birkensperrhölzern wird übrigens im Verkauf bei der Qualität unterschieden, man spricht hier von Qualität I, Qualität II usw. Wer's genau nimmt, sollte immer darauf achten, daß es Holz der Güte I ist, im Modellbau-Fachhandel finden wir sowieso nichts anderes. Bei Bezug über einen Holzgroßhandel ruhig einmal nachfragen, der Unterschied liegt in der Anzahl von Astlöchern, Rissen und Löchern. Diese Fehler sind gerade bei dünnen Sperrhölzern eine unschöne Sache, daher immer auf beste Qualität achten.

1.6 Flugzeugsperrholz

Qualitätsansprüche von Flugzeugbauern haben sich durchgesetzt, denn bei Flugzeugsperrholz haben wir es nicht mit irgendeiner besonderen Holzsorte zu tun, sondern mit einem Sperrholz, dessen Vorteile in einer größeren Anzahl feinerer Furnierschichten bei gleicher Dicke gegenüber anderen Sperrhölzern liegt. Das Holz besitzt daher die positive Eigenschaft, sehr resistent gegen Feuchtigkeit zu sein, hat aber auch ein etwas höheres Raumgewicht von 0,66 g/cm³.

Flugzeugsperrholz kommt also vor allem für stark beanspruchte Bauteile in Frage, wir denken da an Motor- und Fahrwerksspanten.

1.7 Pappelsperrholz

Seit der Verbannung von tropischen Furnieren, wie z.B. Gabun zur Herstellung von Sperrhölzern, war man auf der Suche nach einem Ersatz. Seit wenigen Jahren ist Pappelsperrholz eine günstige Alternative, im Vergleich zu Birken- und Buchensperrhölzern sogar etwas leichter, das Raumgewicht beläuft sich auf ca. 0,39 g/cm³. Aber wie fast alles, was leichter ist, ist auch Pappelsperrholz mit weniger Festigkeit gesegnet. Es ist in geraden Millimeter-Maßen erhältlich, die Stärken 4, 6, 8, 10 und 12 mm sind gängig.

Es hat aber mehr als nur eine Daseinsberechtigung, im Gegenteil, in vielen Anwendungsfällen ist es ein sinnvoller Ersatz der zuvor genannten Sperrhölzer. Die Abgrenzung dieser „Unbedenklichkeitserklärung" liegt aber bei Stärken ab 4 mm, denn dieses Material empfiehlt sich höchstens für einfache Teile, nicht aber für stärker beanspruchte Wurzelrippen, Rippen zur Aufnahme der Steckung oder gar Spanten, an denen Motor- oder Fahrwerk befestigt sind. Wer will, kann sogar kleine Stückchen der Deckfurniere vom Kern mit dem Fingernagel lösen. Aus diesem Grund kommt das Holz nur für solche Bauteile in Frage, bei denen keine großen Zugkräfte auf die oberste Furnierschicht wirken. Ab Stärke 6 mm aufwärts gibt es diese Sorgen jedoch nicht mehr, hier finden wir dann 5 Furnierschichten, der Verbund bietet gute Festigkeit.

*Abb. 1.10
Pappelsperrholz ist nicht in so dünnen Furnieren wie andere Hölzer herzustellen, daher fallen die einzelnen Furnierschichten dicker aus, drei Lagen zusammen ergeben minimal 4 mm*

Zum Schluß noch ein Nachteil, das Holz reagiert relativ stark mit der umgebenden Feuchtigkeit. Dies bedeutet, daß es bei längerer Lagerung anfängt sich quer zur Maserung „aufzurollen", je nach Plattengröße und -stärke zwar nur minimal, aber deutlich zu beobachten, und somit Buchen- und Birkensperrhölzern gleicher Stärke klar unterlegen.

Die Trümpfe von Pappelsperrholz sind also eine einfache Bearbeitung, das Gewicht und ein Quadratmeterpreis zwischen DM 25,- und DM 40,- im Zuschnitt.

1.8 Balsa

Mit einem ganz anderen Material haben wir es nun zu tun, im Prinzip ist es zwar ein Holz, aber mit einer sehr unterschiedlichen Zellstruktur gegenüber unseren europäischen Hölzern. Balsa wächst nämlich nicht in Ringen um den Kern herum, sondern eher faserartig entlang des Stamms, fast wie ein Gras. Es handelt sich um ein schnellwachsendes Holz, in wenigen Jahren ist es zum Schlagen und anschließenden Trocknen bereit. Spätestens hier beginnt die Besonderheit von Balsa, der Stamm ist beim Fällen noch recht schwer, aber ein großer Anteil des Gewichts stellt Wasser dar. Beim Trocknen verliert der Stamm durch den Wasserverlust soviel an Masse wie kein anderes Holz, das Resultat ist ein sehr niedriges Raumgewicht von 0,2 bis 0,3 g/cm³.

Damit ist es geradezu prädestiniert, im Flugmodellbau verwendet zu werden, das Gewicht im Zusammenhang mit seiner Festigkeit ist unübertroffen. Balsa läßt sich zudem noch in dünne „Scheiben" schneiden, Stärken bis 1 mm sind erhältlich.

Abb. 1.11
Balsa ist entgegen Sperrhölzern ein Massivholz, dennoch gibt es Stärken ab 1 mm. Es läßt sich quer zur Maserung recht gut biegen, reißt bei zu engen Radien aber schlagartig entlang der Maserung auf

Balsa besitzt in vielen Punkten fabelhafte Eigenschaften, auch wenn es spürbar auf Änderungen der umgebenden Feuchtigkeit reagiert, es wellt sich schnell quer zur Faserrichtung. Gleichzeitig läßt es sich aber hervorragend schneiden, sägen, schleifen und kleben. In Stärken von 1 mm bis 10 mm ist es fast in jedem Fachgeschäft vorrätig und mit einem Quadratmeterpreis von DM 40,– bis DM 60,– nur geringfügig teurer als die bisher erwähnten Hölzer. Ein klarer Unterschied bleibt aber, Balsa ist ein Massivholz, kein Sperrholz, und daher in seinen maximalen Abmessungen vom Stammdurchmesser abhängig. Wir finden es daher nur bis zu einer Maximalbreite von ca. 350 mm am Stück, und hier dann auch nur in Stärken bis 2 mm, und zwar zum Beplanken von Styroporbauteilen, stärkere Brettchen sind im Maß 100 mm x 1000 mm üblich. Es gibt bei der Bearbeitung von Balsaholz eben nur den Bearbeitungsschritt, daß der Baumstamm nach Trocknen zersägt wird. Was dabei herauskommt, ist unser fertiges Produkt, sei es nun ein dünnes Balsabrettchen oder gar ein Klotz. Ein Miteinanderverkleben wie bei Sperrhölzern ist eigentlich unüblich, obwohl daraus größere Platten herzustellen wären. Trotzdem gibt es Balsasperrholz in kleinen Platten – aber zu horrenden Preisen!

Im Modellbau verwenden wir Balsa in Stärken zwischen 1 und 2 mm vor allem zum Beplanken, zwischen 2 und 5 mm für die Herstellung von Rippen, leichten Spanten und als Vierkantleisten häufig auch als Holme von Tragflächen. Der Vorteil des Materials liegt immer im geringen Gewicht bei guter Festigkeit.

War da aber nicht noch was zum Thema Balsaholz? Richtig, es ist ein Tropenholz und weckt bei so manchem engagierten Mitbürger den Instinkt, daß es durch andere Hölzer zu ersetzen sei. Dazu müssen wir den Begriff Tropenholz an dieser Stelle einmal korrigieren, bei Balsaholz handelt es sich zwar um ein in tropischem Klima wachsendes Holz, was nicht unbedingt bedeutet, daß es aus gesunden Tropenwäldern herausgeschlagen wird. Im Gegenteil, dank seines schnellen Wachstums gedeiht es prächtig auf Plantagen, auch isoliert von anderen Baumsorten, und so braucht sich keiner ein schlechtes Gewissen machen zu lassen, wenn er Balsa verarbeitet.

1.9 Kiefernholz

Auch Kiefer gehört in die Gruppe der Massivhölzer und ist nicht in dünne Furniere zu schälen oder zu messern, um daraus Sperrhölzer zu erstellen. Für uns Modellbauer ist es ausschließlich als Leiste interessant, Kiefer besitzt aufgrund seines hohen Raumgewichts von 0,51 g/cm³ keine Bedeutung als Plattenmaterial. In den Abmessungen von 5 mm x 5 mm, 5 mm x 10 mm und 10 mm x 10 mm ist es als Rumpfgurte und Holme von Interesse. Bei der Begutachtung von Kiefernleisten ist Kapitel 1.1 von besonderer Bedeutung, und wie es dann zu einzelnen Bauteilen verarbeitet werden kann, darauf kommen wir später noch zu sprechen. Kiefernholz wird in größeren Mengen im nordeuropäischen Raum geschlagen, wobei es sich um ein relativ schnellwachsendes Holz handelt.

Abb. 1.12
Kiefer unterscheidet sich in der Struktur vom feineren Ramin (rechts) deutlich. Vom letzteren finden wir aber nur selten Leisten kleinerer Abmessungen, so daß ein Zurichten mit eigenen Mitteln notwendig wird

1.10 Ramin

Wesentlich dichter und mit einer homogeneren Struktur wächst das in Abbildung 1.12 zu erkennende Ramin. Ein Holz, welches wir vor allem in Baumärkten finden. Es ist eine sehr interessante Alternative zur Kiefer, aber ebenfalls ausschließlich als Leiste einzusetzen. Ramin besitzt mit einem Raumgewicht von 0,62 g/cm³ eine etwas höhere Dichte und die wunderbare Eigenschaft, kaum Astlöcher aufzuweisen. Leider kennen viele dieses Material kaum, obwohl es fast immer Kiefer ersetzen kann. Nachteilig sind die lieferbaren Abmessungen, nur Leistengrößen ab 10 mm x 20 mm sind zu finden, eine Dimension, die wir fast nie im Flugmodellbau benötigen. Zuschneiden kleinerer Leisten daraus ist also nötig – und damit der Aufwand eigentlich viel zu groß.

1.11 Abachi

Wesentlich besser sieht die Versorgungslage bei Abachi aus, es besitzt eine ähnlich dichte und vor allem „homogene" Holzstruktur wie Ramin, jedoch ein wesentlich leichteres Gewicht. Abachi gehört zur Gruppe der Massiv-Hölzer und wächst unter gleichen klimatischen Bedingungen wie Balsa. Wenn man aber schon Holzarten miteinander vergleicht, so ist sowieso Balsa dessen unmittelbarer Gegenspieler, nicht Ramin. Abachi besitzt mit 0,42 g/cm³ zwar ein höheres Raumgewicht als Balsa, was sich aber auch in einer höheren Festigkeit und

Abb. 1.13
Abachi gibt es als Massivholz oder Furnier. In Leistenform glänzt es durch eine hervorragende Festigkeit bei geringem Gewicht, ist aber nicht immer leicht zu beschaffen

einer feinporigeren Oberfläche widerspiegelt. Von daher ist auch der Anwendungsfall im Modellbau abgesteckt, häufig ist es als dünnes Furnier auf Styroporkernen beim Tragflächenbau zu finden, wo es dann eine wesentlich höhere Druckfestigkeit der Oberfläche, gleichzeitig aber auch die höhere Torsionssteifigkeit bietet. Häufig kommt es auch als Nasenleiste zum Einsatz, hier unempfindlicher gegen Stöße, vor allem solche während des Transports. Natürlich ist es leichter als Kiefer und auch einfacher zu bearbeiten. Durch seine fast homogene Struktur läßt es sich gut hobeln und schleifen. Ein ganz hervorragendes Material, nicht gerade billig und auch nicht überall zu bekommen.

2. Aus einer Platte werden Teile

Nachdem im 1. Kapitel die Herkunft der Materialien im Mittelpunkt stand, beginnt nun der praktische Teil. Holz aus dem Fachgeschäft, Baumarkt oder irgendeiner anderen Quelle ist organisiert, es liegt auf der Werkbank zur weiteren Verarbeitung bereit. Auch wenn die einzelnen Bearbeitungschritte banal erscheinen, wollen wir uns die verschiedenen Techniken einmal näher anschauen.

2.1 Schneiden

Wer glaubt, Holz läßt sich nur sägen oder bohren, unterliegt einem Irrtum. Bei verschiedenen Holzarten und Stärken können wir auch aufs Schneiden zurückgreifen, und zwar sogar im herkömmlichen Sinne mit einer Schere. Probieren Sie es aus, Birkensperrholz der Stärken 0,4 mm und 0,6 mm läßt sich noch mit einer herkömmlichen Papierschere sehr leicht schneiden, vor allem dann, wenn enge Radien herauszuarbeiten sind. Das Material läßt sich wie fester Karton schneiden. Wer das einmal ausprobiert hat, wird von nun an immer eine Schere zur Seite liegen haben, die Zeitersparnis beim Zurichten ist ungemein. Bleiben wir bei Sperrholz dieser Stärke, so läßt es sich auch entlang eines Stahllineals mit einem scharfen Balsamesser schneiden, mehrfaches Entlangfahren unter leichtem Druck ist dann aber notwendig. Niemals versuchen, es in einem Schnitt zu durchtrennen, man rutscht höchstens ab und erhält eine unsaubere Schnittkante. Dazu ist es aber notwendig, das Holz auf einer harten Unterlage zu plazieren,

Abb. 2.1
Wer es nicht ausprobiert hat, glaubt es kaum, Sperrholz in Stärken bis 0,8 mm läßt sich mit einer normalen Schere besser bearbeiten als mit jedem anderen Werkzeug

nur so ist eine bolzengerade Schnittkante das Ergebnis. Ob der Schnitt nun quer oder längs zur Maserung erfolgt, ist dabei egal.

Die gleiche Technik ist bei verschiedenen Balsaholzsorten anzuwenden, hier ist aber klar darüber zu entscheiden, ob quer oder längs zur Maserung geschnitten wird. Längs der Maserung können wir mit einem scharfen Balsamesser und Stahllineal Stärken bis 6 mm problemlos durchtrennen, bei größeren ist die Winkligkeit des Schnitts in Frage gestellt. Problemlos zu schneiden im Sinne dieses Kapitels sind also nur Balsastärken entlang der Maserung bis 6 mm, quer dazu sieht es schon anders aus. Der Grund dafür ist einfach, Balsa besitzt eine sehr ausgeprägte „faserige" Struktur, die es sehr vereinfacht, parallel der Stränge zu „spalten", jedoch erschwert, die Fasern als solche zu durchschneiden. Quer zur Maserung franst die Struktur schnell aus. Wir arbeiten hier am besten mit einem Schnitt ein bis zwei Millimeter neben der vorgesehenen Bauteilkontur und schleifen diesen Überstand mit einer Schleifplatte herunter. Dies bringt immer noch das beste Ergebnis. Wer Bauteile aus Balsa unbedingt entlang der späteren Kontur zurichten möchte, muß eben langsam vorgehen, 10 oder 12 Züge mit dem Messer mit leichtem Druck quer zur Maserung ergeben ein brauchbares Ergebnis. Balsa mit Stärken größer als 6 mm sind quer zur Faserrichtung sowieso nur zu sägen, dazu gibt es keine Alternative.

Abb. 2.2
Ist man auf genaues Zurichten von dünnem Sperrholz angewiesen, so hilft nur Arbeiten mit Stahllineal und Balsamesser. Nach Möglichkeit eines ohne Abbrechklinge, da bei diesem harten Material die Gefahr besteht, daß das letzte Segment abbricht. Vorsicht: Verletzungsgefahr!

2.2 Sägen

Ob nun eine Laub-, Puck- oder Bandsäge zur Verfügung steht, ist letztendlich egal, hierbei ist schließlich auch das Hobby-Budget entscheidend. Es folgt jetzt keine Empfehlung für ein bestimmtes Werkzeug, sondern der kleinste gemeinsamen Nenner soll im Vordergrund stehen, das Sägeblatt, denn hier gibt es gewaltige Unterschiede. Das Angebot verwirrt, welches ist bloß das richtige? Dabei ist die Auswahl so einfach, je härter das Holz und je dicker die Materialstärke, desto gröber sollte die Verzahnung sein. Mit einem groben Sägeblatt niemals ein Balsabrett bearbeiten, das Ergebnis verdient den Titel Sägen nicht, es handelt sich dann mehr um Rupfen.

Für eine Pucksäge ist die Auswahl am Markt einfach, in der Regel greifen wir auf Metallsägeblätter zurück, diese gewährleisten aufgrund einer feinen Zahnung einen sauberen Schnitt auch bei Balsa und durchdringen ebenso festere Hölzer. Damit kommen wir schon sehr weit, eine Laubsäge sollte dennoch zusätzlich vorhanden sein.

Beim Sägen im allgemeinen müssen wir erneut unterscheiden, ob wir quer oder längs der Maserung arbeiten, denn egal welches Werkzeug zur Verfügung steht,

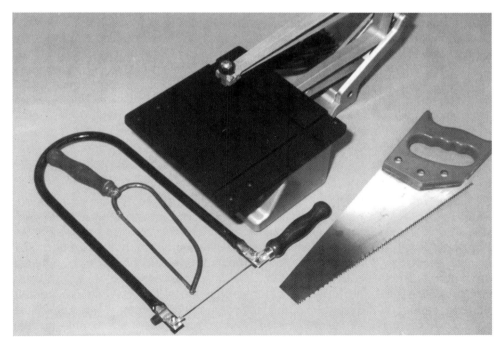

Abb. 2.3
Laub- und Pucksäge (links) sind Minimum, ein Fuchsschwanz (rechts) für unsere Anwendungsfälle ein viel zu grobes Werkzeug. Eine Dekupiersäge wiederum der schönste Luxus, den die Industrie zur Holzbearbeitung bietet

*Abb. 2.4
Wer gar eine Bandsäge sein eigen nennt, darf sich über Rationalisierungsmaßnahmen Gedanken machen, das Aneinanderheften mehrerer vorgerichteter Sperrholzteile mit Nägeln erlaubt gemeinsames Durchsägen. Die aufgezeichnete oder wie hier aufgeklebte Kontur des Bauteils wird beim Aussägen automatisch kopiert*

Sägeblätter haben die dumme Eigenschaft, gerne der Maserung hinterherzulaufen. Schnitte quer dazu sind kein Problem, es ist auch „frei Hand" ein gerader und sauberer Schnitt möglich. Unproblematisch ist es auch, wenn wir genau parallel zur Holzstruktur schneiden, das Sägeblatt läuft sauber. Problematisch wird's, wenn in einem relativ stumpfen Winkel zur Holzstruktur bzw. Maserung zu sägen ist, dann läuft das Sägeblatt oft aus der gewünschten Bahn heraus. Da aber meist auf gerade, saubere Schnitte Wert gelegt wird, greifen wir auf einen Trick mit Stahllineal und Balsamesser zurück. Mit diesen ist das Material zwar nicht wie oben bei Balsa beschrieben zu durchtrennen, aber ein ca. 1,5 mm tiefer Schnitt in der Oberfläche zu setzen. Entlang dieser „Furche" läßt sich hervorragend sägen, wie auf Schienen läuft unser Werkzeug in der gewünschten Richtung.

Da Sägen nun keine allzugroßen Sorgen mehr bereiten sollte, darf einmal über Rationalisierungsmaßnahmen nachgedacht werden. Die sind immer dann sinnvoll, wenn Bauteile gleicher Größe zu erstellen sind, wir denken hierbei z.B. an Duplikate. Nach *Abbildung 2.4* ist es ohne weiteres möglich, mehrere Sperrholzteile auf einmal zu durchtrennen, Voraussetzung für einen winkligen Schnitt sind dann aber Dekupier- oder Bandsägen. Dazu die entsprechende Anzahl an Brettern an mindestens drei Stellen mit Nägeln verbinden, das oberste Teil gemäß Vorlage sauber heraussägen – und alle darunter liegenden Teile haben die gleichen Abmessungen. Beim Flugmodellbau kommt diese Technik aber nur bei zwei Bauteilen in Frage; einmal sind das Rippen gleicher Abmessungen und beim Erstellen von symmetrischen Spanten (Kapitel 5.2) zum Aufbau eines Rumpfs in zwei Halbschalen. Hierbei wie gerade beschrieben verfahren. Man sollte sich die Möglichkeit des Kopierens immer vor Augen halten, *Abbildung 2.6* zeigt, wie einfach es sein kann.

Abb. 2.5
Auch fertige Teile sind mit einer Bandsäge relativ einfach zu duplizieren, Aufeinandernageln ist aber notwendig. In diesem Fall eine Kopie für einen Rippenblock

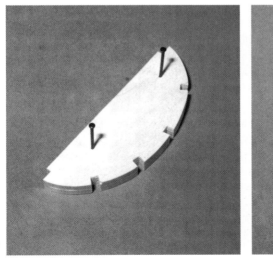
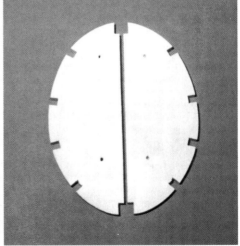

Abb. 2.6
Wenn es um das Erstellen von symmetrischen Bauteilen geht, ist gleichzeitiges Herausarbeiten beider Hälften die einzige sinnvolle Vorgehensweise. Links sind beide Teile noch mit Nägeln verbunden, rechts nach Trennen voneinander abgebildet

2.3 Bohren

Nicht alles, was scheinbar einfach ist, muß es auch sein. Es gibt selbst beim Bohren von Holz Dinge, die falsch zu machen sind. Auf *Abbildung 2.7* sehen wir zunächst die in Frage kommenden Werkzeuge zum Bohren: HSS-Bohrer, Holzbohrer, Kernlochschneider und einen variabel einstellbaren Forstnerbohrer.

Das erste Werkzeug ist doch aber eigentlich gar nicht für Holz geeignet? Richtig, HSS-Bohrer sind für Metall, doch bei vielen Anwendungszwecken übervorteilen sie gar die eigentlichen Holzbohrer. Dieses ist vor allem bei weichen Hölzern der Fall, wir denken da speziell an Balsa, das läßt sich, egal welcher Stärke, am besten immer noch mit einem HSS-Bohrer durchdringen, beim Holzbohrer franst es gern bei dessen Einsenken ins Material aus, seine scharfen Flanken sind dafür verantwortlich. Die Balsafasern werden dann gerupft, nicht durchtrennt. Beim Bohren ist aber auch immer daran zu denken, daß man irgendwann auch wieder auf der anderen Seite herauskommt, und dort ist unser HSS-Bohrer auch nicht viel besser als ein Holzbohrer. Er wird nicht sauber genug aus dem Material herausgeführt, er durcheilt die letzten Millimeter der Materialstärke unter vollem Druck und reißt deren Oberfläche auf. Eine Abhilfe liegt nahe, ein Stück hartes Sperrholz untergelegt, gewährleistet einen „sanften Austritt", die Bohrung ist auf der Ober- und Unterseite sauber. Foto 2.8 zeigt einmal den Unterschied.

Ein richtiger Holzwurm hat aber dennoch Holzbohrer neben dem Bohrständer liegen, der Zentrierstift unterscheidet diese von unserem zuvor genannten Typ. Der Anwendungszweck ist härteres Holz oder größere Materialstärken. Sperrhölzer ab 10 mm lassen sich mit diesem Bohrertyp sehr sauber bearbeiten, der Zentrierstift sorgt dafür, daß der Bohrer bei der Arbeit nicht abdriftet.

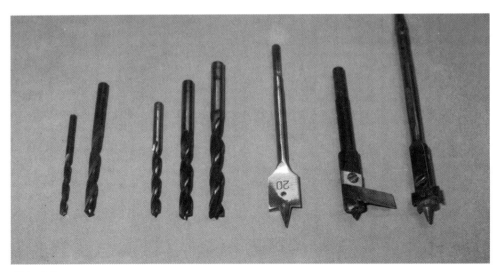

Abb. 2.7
Der Kopf macht den Unterschied: HSS-, Holz-, Kernloch- und verstellbare Forstnerbohrer friedlich nebeneinander (v.l.n.r.)

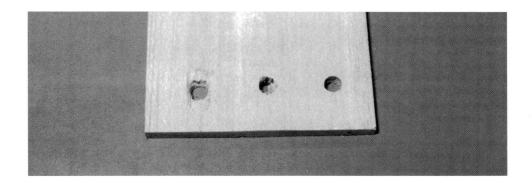

Abb. 2.8
Balsa durchbohren ist komplizierter, als man denkt: Auf der Unterseite tritt nämlich ein Holzbohrer recht wüst aus dem Material heraus (links). In der Mitte präsentiert sich ein HSS-Bohrer bei dieser Übung schon besser, das Ideal (rechts) erreichen wir dadurch, indem wir mit einem HSS-Bohrer arbeiten und das Balsa zum Durchbohren auf ein Hartholz legen

Vor allem in harten Hölzern ist dies der klare Nachteil von HSS-Bohrern. Auch hier kann der Trick mit Unterlegen eines Holzes für einen besseren Austritt auf der Unterseite sorgen. Weiche Hölzer lassen sich aber relativ schlecht bearbeiten, da die Holzbohrer aufgrund ihres Schliffs nicht im Zentrum der Bohrung ansetzen und Material nach außen abheben, sondern die Sache andersrum aufziehen, sie schneiden erst am äußeren Teil des Radius und nehmen dann das innere Material weg.

Die nächsten beiden Bohrer unterscheiden sich von den vorherigen eigentlich nur durch deren Außendurchmesser, handelsübliche HSS- und Holzbohrer enden bei 12 mm. Als erstes wäre da der Kernlochbohrer, dieser besitzt einen Zentrierstift mit zwei fest angeformten, umlaufenden Messern. Dieses Werkzeug dient daher weniger dazu, präzise Bohrungen durchzuführen, denn in irgendwelchen Bauteilen Erleichterungslöcher zu setzen. Wenn es nicht auf den Millimeter ankommt, kann mit diesem Werkzeug gearbeitet werden, aber bitte nur in einem Bohrständer, frei Hand ist es tabu.

Ein wesentlich präziseres Werkzeug ist der verstellbare Forstnerbohrer, auf *Abbildung 2.7* ganz rechts. Das Teil besteht aus zwei Komponenten, in der Mitte ein nahezu herkömmlicher Bohrer mit Zentrierstift, er durchbohrt das Material auf den ersten Millimetern, das Werkzeug erhält dadurch eine präzise Führung. Unsere gewünschte Bohrung fräst dann ein umlaufendes Messer, es kann stufenlos auf den gewünschten Radius zwischen 15 und 50 mm eingestellt werden. Wer im Abfallholz Probebohrungen vornimmt, kann hier auf den halben Millimeter genau ansetzen. Ein feines Werkzeug immer dann, wenn es darauf ankommt, einen „stufenlosen" Durchmesser zu schaffen, z.B. für das Einbringen von Steckungsrohren in Seitenplatten oder Wurzelrippen, meist ja mit Durchmessern größer als 20 mm gesegnet.

2.4 Schäften

Die Technik des Schäftens ist so alt wie der Umgang mit Sperrholz selber, der Grund dafür ist einfach: Aus der Herkunft des Holzes erklärt sich, daß die Platten nicht unendlich groß sein können, irgendwo sind natürlich Grenzen gesetzt. An dieser Stelle müssen Platten aneinandergesetzt werden, zwei Möglichkeiten gibt es dabei. Zunächst stumpfes Kleben, was aufgrund der Materialstärke zwangsweise zu sehr unbefriedigenden Ergebnissen führen muß. Besser ist da schon stumpfes Aneinanderkleben mittels Hilfsleiste, *Abbildung 2.9* zeigt diese Technik.

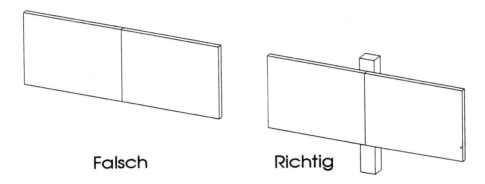

Abb. 2.9
Stumpfes Aneinanderkleben von Sperrholzplatten, egal welcher Stärke, ist immer heikel. Sollte es dennoch notwendig werden, so ist darauf zu achten, daß unter der „Naht" ein Träger liegt, ideal eignen sich dafür Spanten oder Rippen

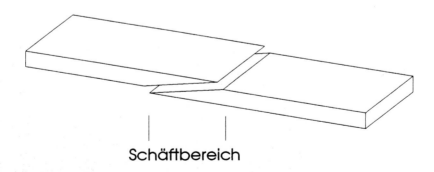

Abb. 2.10
Schäften von Sperrholz ist einfacher als oft vermutet. Auf einer Länge, die etwa der 15fachen Holzdicke entspricht, sind beide aneinandergrenzenden Platten keilförmig zuzuschleifen und zu verkleben. Die einzige Hürde liegt im Zeitaufwand, da jede Platte entlang ihrer Ränder genau zuzurichten ist

Abb. 2.11
Das Einschleifen der Schäftstelle ist nur auf einem harten Untergrund zulässig. Das Sperrholz wird dabei direkt an die Kante der Unterlage gelegt und mit einer harten Schleiflatte bearbeitet

In der Regel wird so beim Beplanken von Tragflächen vorgegangen, die Trennstelle zwischen zwei Sperrholzplatten ist dabei immer ein Spant oder eine breitere, aufgedoppelte Rippe. Wesentlich besser, aber auch aufwendiger, ist das Schäften. *Abbildung 2.10* erklärt es, die beiden aneinandergrenzenden Platten lappen übereinander, zwei keilförmige Anschliffe sorgen dafür, daß keine Stufe am Übergang entsteht. Nach den Lehren des Holzbaus sollte die Breite der Schäftstelle eigentlich das 15fache der Materialdicke betragen, nach *Abbildung 2.10* sollte das 1 mm dicke Material eigentlich auf einer Länge von 15 mm keilförmig angeschliffen werden. Dies ist ein grober Anhaltswert, der sich in der Praxis bewährt hat, aber nicht immer einhalten läßt. Beim Zurichten der Sperrholzplatten ist natürlich dieser Schäftbereich zu berücksichtigen, es gibt hier keine klare Trennstelle zwischen den jeweiligen Platten, sondern einen „sanften" Übergang. Das Zurichten der Schäftstelle selber ist dann relativ einfach, gemäß *Abbildung 2.11* das Sperrholz auf ein hartes Baubrett legen und über dessen Kante die Schäftung anschleifen. Ein Hilfsstrich auf dem Sperrholz, hier ca. 10 mm von der Kante entfernt, zeichnet den Bereich, bis zu dem der angeschliffene Keil reichen soll. Eine Schleiflatte mit hartem Kern ist dazu unbedingte Voraussetzung. Als Schleifpapier genügt solches der Körnung 100, vor allem bei Sperrhölzern der Stärken kleiner als 1 mm. Damit ist die Schäftstelle vorbereitet, die beiden Platten sind nur noch miteinander zu verkleben, wir erhalten fast keinen Absatz zwischen den einzelnen Bauteilen. Sollte dennoch eine minimale Stufe stehenbleiben, so ist sie nach dem Aushärten mit einer Schleiflatte noch kurz abzunehmen.

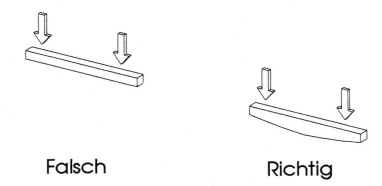

Abb. 2.12
In den wenigen Anwendungsfällen, bei denen das Pressen mittels gerader Leiste keinen Erfolg bringt, hilft manchmal eine Schäftleiste weiter. Sie kann z.B. aus Ramin bestehen und ist nur für ebene Preßflächen anzuwenden. Ein Einsatzfall wäre Aneinanderpressen von zwei Schäftstellen an einem kastenförmigen Rumpf

Beim Beplanken, beispielsweise eines Rumpfgerüsts, eine Platte festkleben und erst nach Aushärten die zweite Platte ansetzen. Ganz wichtig ist das Pressen der Schäftstelle, denn der Übergang gelingt nur sauber, wenn auf ganzer Länge Druck anliegt. Wer eckige Körper, z.B. einen rechteckigen Rumpf, beplanken möchte, kann sich gemäß *Abbildung 2.12* eine Schäftleiste anfertigen, sie weist einen leichten Bogen auf der Unterseite auf, so daß durch das Pressen mittels Schraubzwingen an den Rändern über die gesamte Länge ein sauberer Anpreßdruck vorliegt. Mit einer ebenen Leiste braucht man gar nicht erst anfangen zu pressen, sie wird nur an den Endpunkten Druck übertragen. Dieses Hilfsmittel funktioniert aber sowieso nur auf ebenen Formen, wer sphärische Körper durch Schäften einer Platte mit der nächsten beplanken muß, kommt um herkömmliche Mittel wie Wäscheklammern und Stecknadeln nicht herum, um die obere Platte auf die untere zu pressen.

Zum Schäften gehört aber nicht nur Aneinandersetzen von Sperrholzplatten, sondern auch das von Balsa. Hier ist Schäften aber nicht wie bei Sperrholz beschrieben zu verstehen, nicht das Material als solches wird schräg angeschnitten, sondern zwei Bretter mit einer schräg verlaufenden Klebenaht aneinandergesetzt. Die Technik wie beim Sperrholz scheitert hier. Die vorbereitenden Maßnahmen zum Schäften zeigen sich auf *Abbildung 2.13*, entlang eines Stahllineals sind die später aneinanderzusetzenden Balsabretter in einem Zug schräg zu durchtrennen. Da wir quer der Maserung arbeiten, mit mehreren Zügen unter leichtem Druck schneiden. Nicht etwa versuchen, Balsa mit einem Schlag zu durchtrennen. Das Wichtige ist nämlich, daß die so geschaffene Schnittkante nicht mehr bearbeitet werden muß.

Abb. 2.13

Abb. 2.14

Abb. 2.15

Nach *Abbildung 2.14* sind die Teile auf einem ebenen Baubrett zusammenzufügen, Weißleim, Epoxidharz oder Sekundenkleber haben sich für diese Arbeit bewährt. Mit letzterem geht es natürlich am schnellsten. Auf *Abbildung 2.15* zeigt sich dann noch mal der Geist des Schäftens, dank exakt gleichen Winkels beider Bretter beim Durchtrennen haben wir nun am Ende ein gerades Brett vorliegen. Nach Aushärten der Klebestelle darf mit diesem Brett gearbeitet werden, sei es nun zum Beplanken von Rümpfen oder Tragflächen. Wichtig gerade beim Beplanken von Tragflächen ist aber, daß zunächst die gesamte Beplankung aus Balsabrettchen „zusammengeschäftet" wird, bevor sie auf das Rippengerüst aufgelegt wird. Der Grund ist einfach, auf dem ebenen Baubrett erzeugen wir ein spannungsfreies größeres Brett, auf dem Rohbau, als einzelne Brettchen aufgebracht, haben wir immer Wellen in der Oberfläche als Ergebnis.

2.5 Pressen

Beim Schäften sind wir gerade „unfreiwillig" auf das Thema Pressen gestoßen, welches nun in den Mittelpunkt rückt, da es dabei ein paar Dinge zu beachten gibt. Der Sinn des Pressens liegt übrigens darin, daß beim Verkleben von Teilen der dazwischen befindliche Klebstoff besser in die Oberflächenstruktur eindringen kann, im Kapitel 3.1 stoßen wir noch auf den Begriff der Zahnung, er macht klar, warum das Pressen mancher Bauteile unerläßlich ist. An dieser Stelle wollen wir uns aber rein mit der Technik auseinandersetzen und fangen gleich mit dem einfachsten Fall an. *Abbildung 2.16* macht klar, ebene Bauteile lassen sich ohne Probleme miteinander verpressen, sei es nun mit Gewichten oder Schraubzwingen. Ganz anders sieht es hingegen aus, wenn wir konische Teile unter Druck setzen müssen. Hier hilft nur Fixieren mittels Stift oder beim Arbeiten mit Schraubzwingen der Einsatz eines Keils *(Abbildung 2.17)*. Nur so ist es möglich, den Anpreßdruck sauber aufzubringen.

Schraubzwingen haben aber auch ihren Nachteil, sie bringen Druck nur punktuell auf, und der ist nur auf eine Fläche zu verteilen, indem eine Hilfsleiste oder ein -brett dazwischen liegt. Wer flächige Bauteile durch identische aufdoppeln möchte, kommt in der Regel über das Pressen mit Gewichten nicht umhin. Grundvoraussetzung dafür ist eine ebene Unterlage, Dazwischenlegen der entsprechenden Teile und das Abdecken mit einem weiteren ebenen Brett. Als Ballast sind alle erdenklichen Gewichte aufzulegen, von kleinen Bleigewichten über Stahlplatten, Steinplatten bis hin zu Autobatterien ist eigentlich alles erlaubt, solange

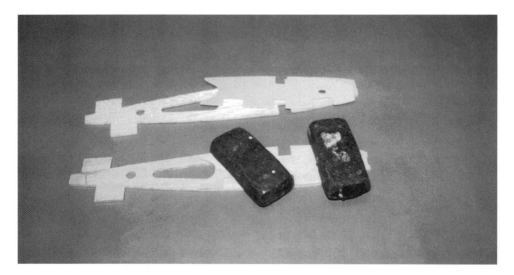

Abb. 2.16
Der einfachste Fall des Pressens ist jener mit Gewichten, dabei darauf achten, daß die Gewichte nicht größer als das Bauteil sind, so daß eine Kontrolle der korrekten Lage beider Teile zueinander auch während der Abbindezeit des Klebers möglich ist

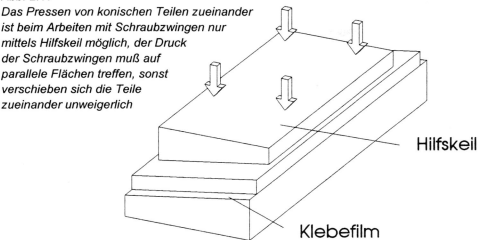

Abb. 2.17
Das Pressen von konischen Teilen zueinander ist beim Arbeiten mit Schraubzwingen nur mittels Hilfskeil möglich, der Druck der Schraubzwingen muß auf parallele Flächen treffen, sonst verschieben sich die Teile zueinander unweigerlich

die Unterseite nur eben ist. Spitze Gegenstände, wie z.B. Natursteine, scheiden aus, da sie ihr Gewicht nur punktuell aufbringen.

Beim Pressen auch immer darauf achten, daß sich Bauteile nicht zueinander verschieben können. Ob nun Weißleim oder Expoxidharz als Kleber dienen, beide sind flüssig und vor dem Abbinden praktisch wie Schmierseife. Je größer der Druck ist, desto eher die Gefahr, daß die Bauteile zueinander ausweichen. Wer sicher gehen will, fixiert sie gegen Verrutschen, wie bei dem oben beschriebenen Pressen via Stift oder Nagel *(Abb. 2.18)*, dann kann eigentlich nichts mehr passieren. Anderenfalls so pressen, daß Einblick auf die Bauteile besteht, die Ränder also unter der Platte oder den Gewichten nach *Abbildung 2.16* herausschauen.

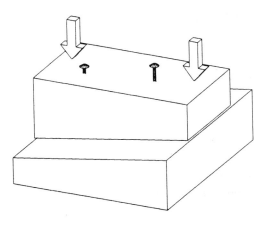

Abb. 2.18
Beim Pressen von konischen Teilen mittels Gewichten kleine Stifte gegen ungewolltes Verschieben setzen, Nägel können dabei gute Dienste leisten

2.6 Biegen

Während wir bei allen bisherigen Arbeitsschritten in diesem Kapitel unser Material gekürzt, verkleinert, angesetzt oder durchbohrt haben, sei es nun einmal in seiner Form belassen und „nur" gebogen. Vor allem bei Sperrhölzern ist die Besonderheit auszunutzen, diese auch um relativ enge Radien formen zu können. Beim Beplanken von Tragflächennasen oder Rumpfkonturen kann dies eine große Hilfe sein. Je nach Beschaffenheit des Holzes und deren Stärke sind verschiedene Biegeradien möglich, ein Extremfall ist natürlich das dünnste Sperrholz, 0,4-mm-Birkensperrholz läßt sich bei richtigem Umgang in der Vorbereitung sogar auf einen 10-mm-Holzstab aufwickeln. In der Regel sind solche extremen Radien nur beim Aufziehen auf eine Tragflächennase nötig, und das geht nur dann sauber, wenn das Material im voraus auf Form getrimmt ist. Eine Vorrichtung dazu zeigt Abbildung 2.19, eine U-förmige Schiene, in verschiedenen Abmessungen aus Alu im Baumarkt zu haben. Das Holz mit großzügigem Übermaß beschneiden und naß in diese U-Schiene einlegen. Den später gewünschten Radius in Form eines Holzdübels einlegen und die Sache über Nacht in Ruhe lassen. Vorheriges Wässern verbessert das Ergebnis und ermöglicht vor allem enge Radien. Wenn das Material so vorbereitet ist, wird es sich beim Herausheben aus dieser Vorrichtung zwar wieder etwas zurückdehnen, aber es läßt sich später problemlos aufziehen. Aufgrund der Tatsache, daß wir das Holz vorher wässern, scheiden U-Profile aus Stahl aus, da diese sofort zu oxidieren beginnnen und auf der Holzoberfläche eine häßliche „Rostspur" hinterlassen. Daher nur Aluprofile oder selbstangefertigte Lehren aus Sperrholz verwenden.

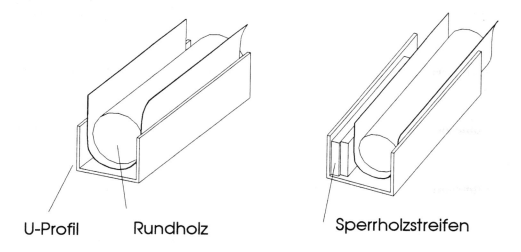

U-Profil   Rundholz   Sperrholzstreifen

Abb. 2.19
So kann eine Vorrichtung zum Vorbiegen von Sperrholz aussehen, naß eingelegt, gibt das Rundholz im Inneren den Radius vor. Sollten kleinere Radien nötig werden, so ist mit Sperrholzstreifen die Weite des U-Profils einzustellen

Damit ist auch klar, daß die Vorbereitung zum Biegen manchmal größer sein kann, als das vorgebogene Teil später weiterzubearbeiten. Dieser Aufwand ist aber manchmal nicht zu umgehen. Eine andere Möglichkeit, Sperrholz vorzubiegen, ist zwar keine Alternative zu der oben beschriebenen Methode, sei aber dennoch erwähnt, da hiermit schnelle Ergebnisse möglich sind, wenn auch nicht mit so genau bestimmbaren Radien. Der Einstieg in die Technik mit Wasserdampf ist dabei ein Teekessel mit Deckel drauf, so daß der Dampf wirklich nur aus der Ausgießöffnung austreten kann. Ein punktuelles Bedampfen ist so möglich, ohne sich die Finger allzusehr zu verbrennen. Wer den Austritt noch etwas verjüngt, bekommt einen sehr spitzen Dampfstrahl, der auf die entsprechende Stelle des Sperrholzes zu richten ist. Mit den Händen das Bauteil unter Dampf vorbiegen und zwischenzeitlich immer wieder in das U-Profil einlegen, damit auch überall der gleiche Biegeradius vorliegt. Freihand-Biegen durch Dämpfen ist was für Experten, dazu gehört eine ganze Menge Erfahrung.

Klar ist beim Thema Biegen auch, daß dieses nur parallel zur Holzmaserung möglich ist, quer dazu sträubt sich das Holz nicht nur, sondern wird auch schnell einreißen. Hiermit muß man sowieso grundsätzlich rechnen, daher immer erst mal ein paar Versuche vornehmen. In anderen Kapiteln werden wir noch auf konkrete Varianten eingehen, z.B. das Aufziehen des Sperrholzes auf eine Tragflächennase.

Abb. 2.20
Gesehen auf der Intermodellbau in Dortmund: Ein Tragflächenrohbau, dessen „Ohren" über einen sanften Radius hochgezogen sind. Das Biegen der Holmgurte ist dazu notwendig, doch die hier verwendeten aus Kiefer lassen sich auf einer entsprechenden Helling vorbiegen und verharren nach Verkastung weiterhin in dieser Lage

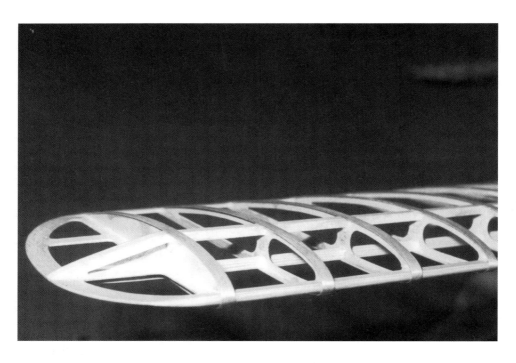

Abb. 2.21
Hier eine sehr interessante Alternative für den Tragflächenaufbau, jede Rippe besitzt Aufleimer aus schmalen Sperrholzstreifen, von der Endleiste über die Nase wieder bis zum Abschluß der Tragfläche herumgezogen. Das Biegen dieser Streifen erfolgte außergewöhnlicherweise parallel zur Maserung, bei so schmalen Streifen bereitet das aber kein Problem

3. Holzverbindungen, „nieten oder schweißen"?

Diese etwas süffisante Frage am Anfang sei hier nicht ganz ernst zu nehmen. Für Holz kommt nur Verkleben mit oder ohne zusätzliche Verschraubung bzw. Verzapfung in Frage. Alles andere ist Blödsinn, es ist ein Werkstoff, der einer flächenförmigen Verbindung bedarf. Punktuell verbunden, haben wir keine dauerhafte Verbindung vorliegen. Aus dem Grund müssen wir uns zu Anfang die Frage gefallen lassen, warum Kleber überhaupt klebt.

3.1 Warum klebt Kleber?

Klebstoff, ein furchtbares Wort, dessen wir uns an dieser Stelle aber einmal bedienen wollen, ist es doch ein Oberbegriff für alle möglichen Bindemittel. Kleben bedeutet, die beiden physikalischen Prinzipien der Adhäsion und Kohäsion miteinander zu verknüpfen. Mit dem ersten Begriff ist ganz allgemein das Haftvermögen eines Klebstoffs auf Teilen zu verstehen, unter Kohäsion die Verfestigung des Klebstoffs während des Abbindens durch Bildung von Polymerisationsketten. Einfach ausgedrückt handelt es sich also um eine Substanz, die die Fähigkeit besitzt, nach Trocknen bzw. Abbinden mit großer Festigkeit zwei Materialien gegeneinander zu halten, die so sonst nicht zu verbinden wären. Die Ursache dafür hat verschiedene Gründe, und in diesem Zusammenhang muß Adhäsion differenzierter betrachtet werden, die Begriffe Verankerung und Verzahnung sind als Steigerungsformen näher zu betrachten.

Mit Adhäsion liegt die Fähigkeit von Klebstoffen vor, Teile aneinander haften zu lassen, ohne eine feste Verbindung herzustellen. Alles, was auf glatten, nicht porösen Werkstoffen hält, hat was mit Adhäsion zu tun. Der Ursprung des Worts liegt im Lateinischen und lautet anhaften, an etwas hängen. Adhäsion können wir uns aus Spaß auch einmal so vorstellen, daß zwei Glasscheiben mit Weißleim „verklebt" werden. Dieser hat zwar auf keinen Fall eine Chance, in die geschlossene Oberfläche des Glases einzudringen, dennoch hat die Verbindung eine gewisse Haltekraft. Genau das ist Adhäsion. Die Sache haftet aneinander, und was haftet, ist auch nicht richtig fest, daher sind die beiden Teile relativ leicht wieder zu trennen.

Ganz anders als die Adhäsion sieht es mit der Verzahnung aus, zu finden bei Leimungen auf rauhen, nicht porösen Materialien. Zur Klärung dieses Begriffs kleben wir nun zwei Stahlbleche mit Weißleim zusammen. Auch wenn auf den ersten Blick Stahlblech genauso glatt wie eine Glasoberfläche ist, so stimmt diese Betrachtung nicht. Metall besitzt nämlich eine wesentlich „rauhere" Oberfläche. Wenn beide Stahlbleche miteinander verklebt sind, kommen jetzt zwei Komponenten ins Spiel, die für Festigkeit sorgen: Einmal die bereits bekannte Adhäsion, sie wirkt auch hier, und die jetzt zu besprechende Verzahnung.

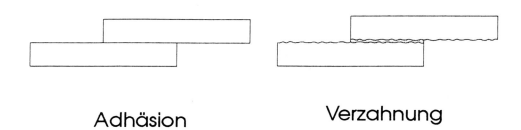

Abb. 3.1

In *Abbildung 3.1* ist verdeutlicht, wo der Unterschied zwischen Adhäsion und Verzahnung liegt. Weißleim dringt in die „Poren" ein, auch wenn sie nur sehr klein sind, und sorgt so für zusätzlichen Halt. Diese vielen kleinen Vertiefungen haben aber eigentlich keinen anderen Effekt als den, daß sich die Oberfläche für die Klebeverbindung wesentlich vergrößert. Man muß sich dazu klarmachen, daß ein Quadratzentimeter einer Metallplatte eine Oberfläche größer als die eines Fußballfeldes besitzt, so wirken sich nämlich die vielen kleinen „Poren" zur Vergrößerung der Gesamtoberfläche aus. Ein Umstand, den kein Auge wahrnehmen kann. Diese vergrößerte Oberfläche trägt zu einer verbesserten Klebung bei, wir sprechen hier von Verzahnung.

Die letzte Stufe unserer kleinen Klebetheorie ist die Verankerung, sie ist im Prinzip noch eine Steigerung der Verzahnung und aus *Abbildung 3.2* zu ersehen. Der Trick ist der, daß Klebstoff nun nicht mehr ausschließlich auf der Oberflächenstruktur des jeweiligen Materials haftet bzw. sich verzahnt, sondern in Hinterschneidungen eindringen kann. Zwei Holzbretter miteinander verklebt, zeigen im letzten Beispiel, daß Weißleim nun auch in die Oberflächenstruktur eindringen kann und sich regelrecht mit dem Material verankert.

Damit ist auch klar, welche Ursache für die Klebekraft die beste ist: Mit rauhen, porösen Oberflächen lassen sich die besten Verleimungen erreichen, da das Verbindungsmittel in die Struktur eindringen kann.

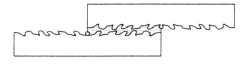

Abb. 3.2

3.2 Weißleim

Weißleim kann eine ziemlich lange Geschichte vorweisen, seine Vorfahren hörten dabei auf die Namen Tischler- und Propellerleim, die aber mit den heutigen Holzleimen nichts mehr zu tun haben. Chemiker haben sich darüber hergemacht, und das Lexikon verrät, daß es sich heute um eine Dispersion von Polyvenylacetat mit Zusätzen handelt, verständlich ausgedrückt: eine wäßrige Kunstharzbasis mit mindestens 50% Wasseranteil. Wir sind aber zum Glück nicht darauf angewiesen, die Sache im Detail zu verstehen, uns interessiert nur, daß Weißleim nach Verflüchtigung des Wasseranteils aushärtet und von da an seine verbindende Aufgabe übernimmt. Die Sache ist also ein rein physikalischer Prozeß in Abhängigkeit von der Umgebungsfeuchtigkeit des Holzes und der Temperatur. Klar, daß sich bei steigender Raumtemperatur der Wasseranteil im Leim schneller verflüchtigen kann, die Aushärtung somit schneller erfolgt. Ähnlich ist es um die Feuchtigkeit des Holzes bestellt, Leimungen mit gewässertem Holz brauchen länger zum Abbinden als mit ganz trockenem.

Bei den heute im Handel üblichen Weißleimen ist nur unter zwei Gruppen zu unterscheiden, wasserlösliche und nicht wasserlösliche Sorten. Einige Hersteller preisen noch verschiedene Gruppen, wie z.B. Expreßleim an, aber lassen wir uns nichts vormachen, Weißleim braucht seine Zeit zum Abbinden, da sich eben der vorhandene Wasseranteil verflüchtigen muß, und in der Praxis macht dies alles keinen großen Unterschied. Die Tatsache, daß es wasserlösliche und nicht wasserlösliche Leime gibt, liegt in der Zusammensetzung, es ist auf jeden Fall immer auf nicht wasserlösliche zurückzugreifen. Nicht aber etwa aus dem Grund, um bei einer versehentlichen Landung in einem Gewässer um die Festigkeit der Verbindungen fürchten zu müssen, sondern wegen Wasser in einem anderen Aggregatzustand, und zwar im gasförmigen. Die liebe Luftfeuchtigkeit kann der Dauerfestigkeit der Leimung zusetzen, daher immer auf nicht wasserlösliche zurückgreifen.

Ansonsten gibt es beim Verarbeiten von Weißleim nicht viel zu beachten, er kommt verarbeitungsfertig aus der Flasche, sollte für manche Anwendungszwecke mit Wasser verdünnt, in anderen pur benutzt werden, nur, er braucht eben Zeit zum Aushärten. Sollen Holzteile mit Weißleim verklebt werden, so ist immer zu prüfen, ob ein Aushärten unter Druck möglich ist. Den Grund haben wir schon in Kapitel 3.1 erfahren, eine Verklebung mit hoher Festigkeit hat Verankerung zur Grundlage: Je höher der Preßdruck, desto tiefer dringt der Weißleim in die Oberfläche ein, und um so besser ist die Klebung - eigentlich ganz einfach. Dennoch ist Pressen nicht immer notwendig, Weißleim bietet auch schon eine hohe Festigkeit beim Verkleben von porösen Oberflächen bei niedrigem Anpreßdruck. Vor allem dann, wenn Balsa mit Balsa oder Balsa mit Birkensperrholz zu verbinden ist. Druck ist hier zwar förderlich, aber nicht unbedingt notwendig, da die Poren relativ groß sind und Weißleim gut in die Oberfläche eindringen kann. Anders sieht es bei Holzarten mit feinerer Oberflächenstruktur aus, wir denken da an das eingangs erwähnte Buchensperrholz. Dieses besitzt feine Poren, der Verankerung ist ein wenig auf die Sprünge zu helfen. Pressen mit Zwingen oder Gewichten ist aber weder immer möglich, noch unbedingt notwendig.

Es kann auch ein Trick helfen, und der hat Wasser als Grundlage. Entweder den Weißleim verdünnen, so daß er eine niedrigere Viskosität besitzt und somit besser in die Oberflächenstruktur eindringt oder das Holz zuvor leicht wässern, um es dem Weißleim leichter zu machen, besser in die Oberfläche eindringen zu können. Diese Vorgehensweise ist aber nur bei Buchensperrholz anzuraten, alle anderen Holzsorten lassen sich auch so prächtig verkleben.

Abb. 3.3
Es ist kaum zu glauben, mittlerweile gibt es 5-Minuten-Weißleim! Aus den USA kommend, ist er über Modellbau-Fachgeschäfte auch in unseren Breiten zu erhalten. Zugunsten seiner schnellbindenden Eigenschaft ist er aber mit etwas mehr „Chemie" behaftet als sein herkömmlicher Bruder

Zum Thema Weißleim gibt es jetzt nur noch eins zu vermerken, und zwar geht es dabei um die Temperatur. Dieser Klebstoff besitzt einen sehr hohen Anteil an Wasser, und wie bekannt ist, verdunstet warmes Wasser schneller als kaltes. Leim muß also beim Verarbeiten die richtige Temperatur haben, als Anhaltspunkt darf die Zimmertemperatur herhalten. Zwischen 18 und 22 Grad sind ideal. Bei Temperaturen unter 10 Grad wird's ewig lange dauern, bis er aushärtet. Wer meint, er müßte den Weißleim zuvor im Kochtopf erhitzen, um daraus Sekundenkleber zu machen, sollte dies lieber nicht versuchen, da Weißleim und seine Komponenten dafür nicht vorgesehen sind.

Apropos Zusammensetzung, bei der Verarbeitung von Weißleim braucht man sich keine Sorgen zu machen, gesundheitsgefährdende Stoffe sind dort nicht (mehr) enthalten, dennoch ist er nicht in die Gruppe der Nahrungsmittel einzuordnen.

3.3 Sekundenkleber

Der Begriff Sekundenkleber stammt aus dem Volksmund, denn der exakten Bezeichnung nach ist es Cyanacrylat. Eine Mixtur aus der chemischen Küche, die in der Lage ist, verschiedenste Materialien innerhalb weniger Sekunden miteinander zu verbinden. Die Zeitangabe ist aber nicht immer wörtlich zu nehmen, nicht jedes Material wird innerhalb einer Sekunde miteinander verbunden. Manchmal geht es schneller, manchmal erheblich länger. Das hängt damit zusammen, daß Sekundenkleber, dabei handelt es sich übrigens um eine Art flüssiges Plexiglas, als einzelne Komponente in Reaktion mit der Umgebungsfeuchtigkeit und jener Feuchtigkeit abbindet, die er in den zu verbindenden Materialien vorfindet. Eine trockene Umgebung und „trockene" Bauteile lassen Sekundenkleber manchmal zum Minutenkleber werden. In der Regel ist aber nicht besonders darauf zu achten, da normale Raumbedingungen ausreichen. Wer hingegen im Sommer mittags im Freien Sekundenkleber für schnelle Reparaturen nutzen will, wird Feuchtigkeit vermissen, die Verbindung will dann scheinbar ewig lang nicht abbinden.

Sekundenkleber ist aber nicht gleich Sekundenkleber, auf dem Markt sind solche verschiedener Viskositäten erhältlich. Darunter versteht man übrigens die Zähig-

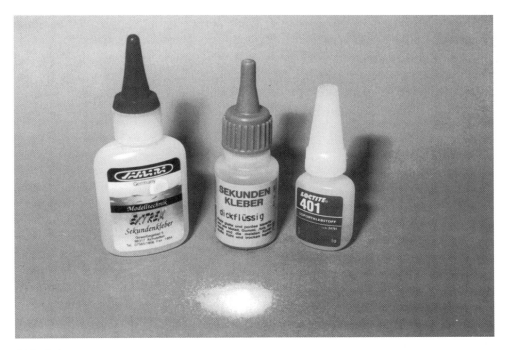

Abb. 3.4
Bei Sekundenkleber gibt es eine große Anzahl verschiedener Produkte, doch im Endeffekt handelt es sich immer um Cyanacrylat, eine Art flüssiges Plexiglas. Lieferbar ist er in verschiedenen Viskositäten. Mit einem quarzsandähnlichen Pulver können auch kleine Spalte überwunden werden, es bindet mit dünnflüssigem Sekundenkleber zu „Granit" ab

keit von Flüssigkeiten aufgrund ihrer inneren Reibung, und dieser Umstand hat Konsequenzen. Dickflüssiger Sekundenkleber wird nicht sofort in die Oberfläche „eingesaugt", er verbleibt darauf und ist daher immer dann ideal, wenn beispielsweise Balsateile miteinander zu verkleben sind; und zwar so, daß der Sekundenkleber auf ein Bauteil aufgetragen und das andere angedrückt wird. Befinden sich beide Bauteile bereits spaltfrei aneinander und sollen nachträglich verklebt werden, so ist dünnflüssiger Sekundenkleber besser, er besitzt nämlich die Eigenschaft, sehr schnell in die Oberfläche vor allem poröser Materialien einzudringen.

Als dritter ist noch mittelviskoser Sekundenkleber handelsüblich, ein Zwischending zwischen den beiden genannten Beispielen. Welcher Sekundenkleber nun für welchen Anwendungsfall der richtige ist, unterliegt auch immer ein bißchen der eigenen Experimentierfreudigkeit, da eben auch von der Feuchtigkeit des Materials abhängig.

Beim Umgang mit Sekundenkleber ist aber eine gewisse Vorsicht zu wahren, einige Modellbauer wissen ihr Leid zu klagen. Cyanacrylat-Kleber haben die dumme Eigenschaft, daß sich nach Auftrag einige ihrer Substanzen verflüchtigen. In dieser Wolke, die übrigens nach Ester riecht, befinden sich Stoffe, die die Schleimhäute reizen. Beim einen juckt's in der Nase, einem anderen tränen die Augen so stark, daß er nichts mehr sehen kann. Dies sind aber Extreme, ein Großteil hat keine Schwierigkeiten. Dennoch immer darauf achten, in einem gut belüfteten Raum zu arbeiten und nicht unbedingt in Uhrmacher-Manier den Kopf

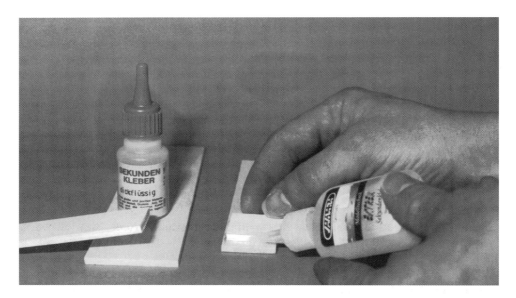

Abb. 3.5
Sind zwei separate Balsateile mit Sekundenkleber stumpf aneinander zu verkleben (links), so kommt die dickflüssige Konsistenz dafür in Frage, liegen die Bauteile jedoch paßgenau beieinander (rechts), ist mit dünnem Sekundenkleber der Spalt zu fluten

unmittelbar über die Arbeitsstelle halten. Wer diese Regeln beachtet, wird auf keine Schwierigkeiten stoßen.

Sollte dennoch einmal Sekundenkleber an die Finger geraten, so ist die Sache nicht allzu dramatisch, sondern zunächst nur unangenehm. Unser Organismus hält die Haut immer feucht, ein ideales Revier für Sekundenkleber. Zwei Finger sind schnell miteinander verklebt, daher immer vorsichtig damit umgehen. Am besten versuchen, nichts auf die Haut zu bekommen.

Was auf keinen Fall passieren darf, ist, daß Sekundenkleber ins Auge kommt. Hier ist reichlich Flüssigkeit vorhanden, die Augenlider werden sofort verklebt, ein Augenarzt ist umgehend aufzusuchen. Es handelt sich hierbei aber „nur" um eine mechanische Verletzung, aber die ist um so ernster zu nehmen. Durch ärztliche Hand ist das in den Griff zu bekommen, niemand braucht deswegen um sein Augenlicht zu fürchten.

Wer nach Lesen dieses Abschnitts nun denkt, er ließe besser von Sekundenkleber die Hände, da es sich wohl um kein Produkt aus der chemischen Küche, sondern eher um ein Teufelswerk handelt, sieht die Sache zu extrem. Sekundenkleber ist in vielen Anwendungsfällen ein ideales Verbindungsmittel und entschädigt schnell für die Vorsicht im Umgang damit. Beim Betanken eines Autos genehmigen wir uns ja schließlich auch keinen Schluck aus der Zapfpistole oder genießen eine brennende Havanna über dem offenen Tankverschluß! Da sich die Sicherheitsvorkehrungen auf diesem Niveau bewegen, keine Angst vor Sekundenkleber.

3.4 Expoxidharz

In den beiden Kapiteln zuvor haben wir gelernt, daß sowohl Weißleim als auch Sekundenkleber irgendwelche Umgebungsbedingungen benötigen, um ihrer Aufgabe nachzukommen. Bei Zweikomponenten-Harzsystemen sieht die Sache ganz anders aus, hier wird nichts „von außen" benötigt. Alles, was zum Abbinden notwendig ist, bringt das Klebesystem mit. Das Vermischen von Harz und Härter sowie der damit beginnende chemische Prozeß sorgen für eine Vernetzung vorhandener Molekülketten, die Sache ist hinterher bombenfest. Harze benötigen also weder Feuchtigkeit aus der umgebenden Luft, Sauerstoff oder den Entzug irgendeiner Substanz, die Sache funktioniert in sich als geschlossenes System. Einzig die Temperatur hat Auswirkung auf die Härtung. Aber, das ist dann genauso wie bei allen chemischen Prozessen, je wärmer die Sache ist, um so schneller geht sie über die Bühne.

Doch damit genug der Chemie, Harze sind zwar komplexe Systeme, aber dafür bei der Verarbeitung relativ unkompliziert. Der Umgang für uns Holzfans ist sowieso einfach, da Harz uns „nur" als Zweikomponenten-Kleber dient, nur selten in Kombination mit Glasgewebe, wodurch die Sache aber auch nur geringfügig komplizierter werden würde. Das Problem liegt woanders, denn während den Einsatz von Weißleim jeder neue oder alte Holzfan einsieht, scheiden sich

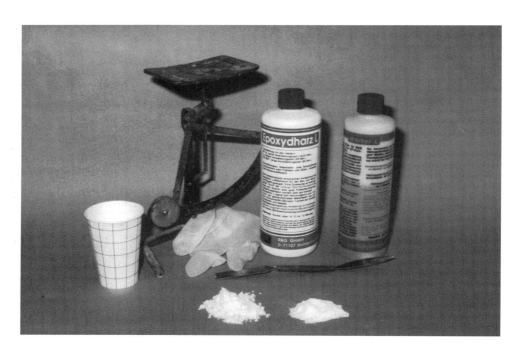

Abb. 3.6
Die Grundausstattung zum Arbeiten mit Expoxidharzen als Kleber ist umfangreich, neben Harz und Härter werden Mischbecher, Waage, Lanzette, Microballons, Baumwollflocken und Handschuhe benötigt

bei Harzen schnell die Geister. Es gibt glühende Anhänger und entschiedene Gegner. Zweikomponenten-Harze sind aber für manche Verklebungen durch nichts zu ersetzen, sie bieten eine ungeheure Festigkeit bei geringem Gewicht.

Knackpunkt an der Geschichte ist die Tatsache, daß es eben ein chemisches Produkt ist, welches zwar in seiner Zusammensetzung für uns als Anwender in Hobbymengen keine unmittelbaren gesundheitlichen Risiken birgt, dennoch einer gewissen Vorsicht bedarf. Zunächst wäre da eine gute Belüftung des Arbeitsraumes, denn Dämpfe sollten ohne Umweg über die Lunge gleich abziehen können. Ein Hautkontakt ist zu vermeiden, das Tragen von Einweg-Handschuhen bei der Verarbeitung daher anzuraten. Das eigentliche Risiko bei Harzen liegt aber viel weniger in einer akuten Gefahr durch Hautkontakt oder Einatmen der Dämpfe, vielmehr in dem Wort Sensibilisierung. Bei häufiger Verarbeitung unter mangelnder Vorsicht kann es zu einer körperlichen Reaktion, ähnlich einem allergischen Ausschlag, kommen. Es gibt Personen, die viele Jahre regelmäßig mit Harzen arbeiten und nie Probleme damit hatten und wohl auch nie welche bekommen werden. Andere hingegen reagieren bereits am ersten Tag allergisch oder müssen nach 30 Jahren „Harzpanschen" plötzlich eine späte Sensibilisierung erleben. Daher Vorsicht, Harze sind kein Bienenhonig, auch wenn sie vielleicht so aussehen und eine ähnliche Konsistenz haben. Also: Handschuhe bei der Verarbeitung tragen und den Werkraum gut lüften.

Kommen wir zum Umgang mit diesem Kleber zurück. Als erstes die Raumtemperatur im Auge behalten, Harz und Härter vor der Vermischung auf Zimmertemperatur bringen, und auch beim späteren Aushärten dürfen sie nicht auskühlen. Als Anhaltspunkt gilt hier eine Temperatur zwischen 18 °C und 22 °C.

Als zweites das Thema Mischen, je nach Harz ist der Härter dazu in einem bestimmten Mischungsverhältnis zu halten.

Unterschieden wird dabei unter Volumen- und Gewichtsanteilen. Gehen wir einmal von einem Mischungsverhältnis von 100:40 aus, so ist beim zuerst genannten auf 100 g Harz 40 g Härter beizugeben. Bei Angabe des gleichen Mischungsverhältnisses im Volumenanteil müssen wir 100 cm³ mit 40 cm³ Härter vermischen. Der Unterschied ist nicht gravierend, aber da 100 ml Harz eben nicht 100 g wiegen, liegt durchaus ein Unterschied vor. Zum Abwiegen kann eine Briefwaage dienen, für die Volumenanteile ein Meßbecher.

Für die weitere Verarbeitung ist das Harz in seiner Viskosität zu belassen oder mit verschiedenen Mitteln einzudicken. Hier kommen für uns nur zwei in Frage, Microballons und Baumwollflocken. Das zuerst Genannte ist ein weißes Pulver *(Abbildung 3.6)*, winzig kleine Glaskügelchen, die mit Harz eine Masse ergeben, die in sich einen sehr guten Halt besitzt. Kugel klebt an Kugel, und da diese im Inneren auch noch hohl sind, wird der ganze Verbund sogar leicht. Kleine Übergänge sind so einfach herzustellen, das Ergebnis läßt sich hinterher auch noch wunderbar schleifen, da der Verbund homogen ist und keine Faserstränge feste Verbünde herstellen.

Das zweite Mittel zum Eindicken wären Baumwollflocken, die wie alles rund ums Harz bei den bekannten Herstellern und Vertreibern von Flüssigkunststoffen zu beziehen sind. Baumwollflocken besitzen gegenüber Microballons aber eine Strangform, die Fasern „verhaken" aneinander fest und lassen sich aus diesem Grund später relativ schlecht verschleifen. Die Festigkeit ist aber wesentlich höher, so daß wir mit Baumwollflocken eingedicktes Harz für hochfeste Verbindungen verschiedener Teile untereinander nutzen können, aber bitte nur dort, wo hinterher nicht mehr zu schleifen ist.

Der Anteil von Microballons bzw. Baumwollflocken zum Harz ist sehr unterschiedlich und richtet sich nach dem jeweiligen Anwendungsfall. Es sollte aber maximal nur soviel von dem Material zugegeben werden, daß der „Brei" nach Anrühren noch naß aussieht, die Oberfläche also leicht glänzt. So ist noch ein genügend großer Harzanteil da, um erstens für eine ausreichende Festigkeit beim Abbinden zu sorgen und zweitens, um sich mit dem umgebenden Werkstoff, in unserem Fall Holz, verbinden zu können. Eine sehr „trockene" Mischung besitzt nicht mehr so viele Harzanteile, so daß diese kaum in die poröse, somit saugende Oberfläche des Holzes eindringen kann und mittels Verankerung für einen festen Halt sorgt.

Zum Abschluß noch der Hinweis auf die Trockenzeit, bei korrektem Ansetzen der beiden Komponenten und Einhalten der Zimmertemperatur während des Aushärtens ist Expoxidharz nach 5 bis 6 Stunden handfest, ausgehärtet jedoch erst nach 12 bis 16 Stunden, je nach Harzsystem. Aus diesem Grund empfiehl es sich, Arbeitsschritte mit Expoxidharz immer ans Ende eines Bauabschnitts zu legen, die Verbindung in Ruhe liegen zu lassen und über Nacht Zeit zum Trocknen zu geben. Harz ist der „Langsamste" unter den Klebstoffen.

Eine Alternative zum Expoxi ist Polyesterharz. Personen, die auf Expoxidharze allergisch reagieren, können damit in der Regel ohne Komplikationen arbeiten. Die Festigkeit ist nahezu die gleiche, vor allem für uns als Kleber ausreichend. Ein Nachteil ist der Umstand, daß es stinkt, das ist hier nur die höfliche Formulierung, und im ausgehärteten Zustand sehr spröde ist. Im Regelfall also auf Expoxidharze zurückgreifen.

4. Tragflächen, ein Buch mit sieben Siegeln?

4.1 Viele Konstruktions-Möglichkeiten, ein Ziel

Nachdem die „Theorie" verdaut ist, soll nun endlich das Handwerk zu Wort kommen, die Tragfläche ist als erstes an der Reihe. In diesem Rahmen wollen wir uns natürlich ausschließlich mit der Holzbauweise beschäftigen, mit Ausnahme der Steckung und einigen Beschlagteilen wird eine Tragfläche also komplett aus Holz gebaut. Gemäß *Abbildung 4.1* besteht eine Tragfläche aus Holmen, Rippen, der Verkastung, Aufleimern und einer End- sowie Nasenleiste. Bei Tragflächen für Segelflugmodelle gibt's optional noch Störklappen.

Jedes Bauteil ist auf verschiedenen Wegen herzustellen, und eine vielfältige Kombination untereinander ergibt eine große Anzahl unterschiedlicher Möglichkeiten, eine Tragfläche aufzubauen. Auch wenn es viele Konstruktionen sind, sie haben alle ein Ziel, genügend Stabilität und je nach Anwendungszweck möglichst wenig Widerstand oder viel Auftrieb zu erzeugen. Lösen wir das große Rätsel Tragfläche in Einzelteile auf und fangen mit den Rippen an.

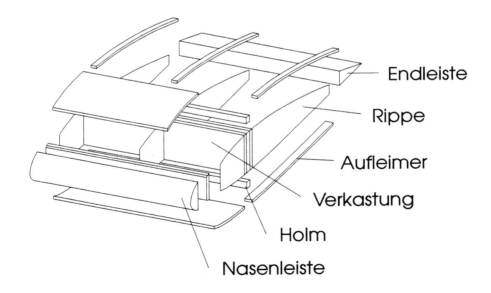

Abb. 4.1
So komplex der Aufbau einer Tragfläche in klassischer Holzbauweise auch aussehen mag, so einfach ist er nach Auflösung in seine Einzelteile

4.2 Rippen

Die Bezeichnung der Rippe als solche ist nicht allzuweit hergeholt, erfüllt sie doch die gleiche Funktion wie beim Menschen, und zwar die äußere Kontur eines Körpers aufrecht zu erhalten. Nach *Abbildung 4.2* ist unter Brettrippen, solchen in Stäbchenbauweise und einer Kombination aus beiden Bautechniken zu unterscheiden. Auf letztere greifen im Modellbau nur eingefleischte Scale-Fans zurück, die ihr Original eben bis zur letzten Rippe detailgetreu nachbilden möchten, folglich werden uns im wesentlichen die ersten beiden beschäftigen.

Beginnen wir mit der Brettrippe, wie ihr Name schon sagt, besteht sie aus einem einzelnen Brett mit den verschiedenen Ausnehmungen für Nasenleiste, Holme und Endleiste. Ein typischer Anwendungsfall für die Brettrippe ist ein Flächenaufbau nach *Abbildung 4.1*, senkrecht stehende Rippen, durchlaufende Holme, mit Verkastung und vorgesetzter End- und Nasenleiste. Die Kontur der anzufertigenden Rippe gibt entweder der Bauplan oder ein Profilausdruck abzüglich Beplankungs- bzw. Aufleimerstärke gemäß *Abbildung 4.3* vor.

Da für eine Tragfläche in der Regel eine größere Anzahl gleicher bzw. ähnlicher Rippen benötigt wird, hat sich eine besondere Vorgehensweise in der Praxis bewährt, der Rippenblock. Nach *Abbildung 4.4* gibt es dabei zwei Musterrippen, eine für die Wurzel der Tragfläche, eine für den Randbogen. Zwischen diese

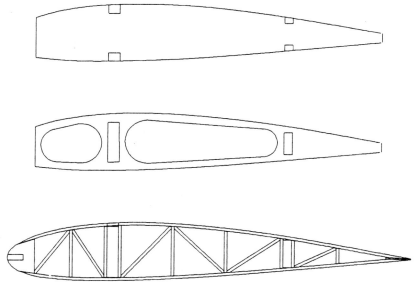

Abb. 4.2
Verschiedene Rippenformen dienen verschiedenen Anwendungen. Die einfachste und von uns am häufigsten verwendete Variante ist aber die Rippe aus Vollmaterial (oben). Die Stäbchenrippe (unten) ist vor allem arbeitsaufwendig, jene in der Mitte eine Kombination aus beiden. Der abgebildete Steg aus dünnem Sperrholz erfährt noch je einen oberen und unteren Rippengurt

beiden ist die Anzahl an Brettern einzulegen, wie später Rippen benötigt werden. Dieser Verbund wird nun in den Schraubstock gespannt, das überstehende Material mit Hobel und Raspel, zum Schluß mit feinkörniger Schleiflatte abnehmen und schon liegen alle Rippen vor *(Abbildungen 4.4.1 bis 4.4.4)*.

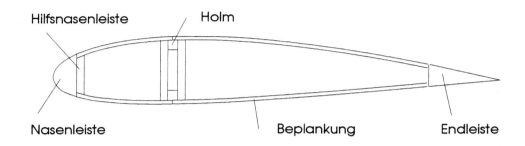

Abb. 4.3
Im Querschnitt zeigt sich, daß eine Rippe nur Kern der Tragfläche ist, ringsherum wird sie noch von anderen Bauteilen „eingepackt". All deren Materialstärke ist bei Ermitteln der Rippenform von der Profilkontur abzuziehen

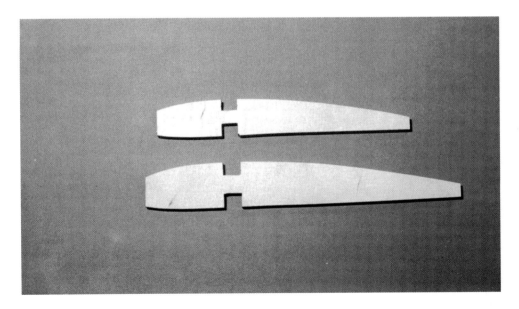

Abb. 4.4
Kern eines Rippenblocks sind zwei Musterrippen aus festem Sperrholz; in diesem Fall je eine Kopie der Wurzel- und Randbogenrippe

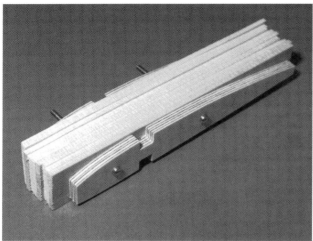

Abb. 4.4.1
Im ersten Schritt die gewünschte Anzahl an Rippen als Balsabretter zwischen beide Musterrippen einbringen, den ganzen „Stapel" ausrichten, durchbohren und mittels Schrauben leicht aneinanderpressen

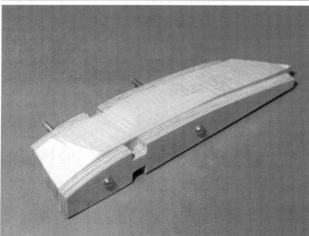

Abb. 4.4.2
Mit einer Säge können die gröbsten Überstände abgenommen werden

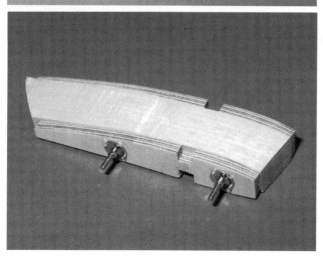

Abb. 4.4.3
Je feiner die Schleiflatte, desto besser das Ergebnis. Von der Nase bis hinter den Holm ist dieser Rippenblock schon fertig verschliffen

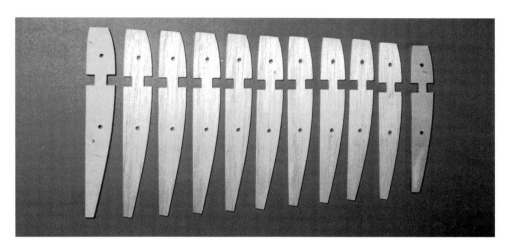

Abb. 4.4.4
So sollte das Ergebnis nach „Öffnen" des Rippenblocks aussehen, ein sauberer Strak aller Rippen von der Wurzel bis zum Randbogen

Musterrippen dabei aus einem anderen Material als die eigentlichen Rippen herstellen, sie müssen dem „Kontakt" mit Raspel und Schleiflatte etwas entgegenzusetzen haben, sonst erfüllen sie ihre Aufgabe als Formgeber nur unzureichend. Aus diesem Grund fällt die Wahl auf dickeres Sperrholz, 10-mm-Pappelsperrholz hat sich hier bestens bewährt.

Das Anfertigen der Musterrippen geschieht dabei durch direktes Übertragen der Kontur aufs Holz. Zum einen ist dies vom Bauplan mit Hilfe von Blaupauspapier möglich. Dieses zwischen Holz und Plan legen und die Kontur mit einem Kurven-

Abb. 4.5
Damit die gewünschten Musterrippen der Zeichnung möglichst genau entsprechen, empfiehlt es sich, eine Kopie davon direkt aufs Holz aufzukleben. Bewährt haben sich als Kontaktmittel Weißleim oder ein Klebestift, die Klebereste sind dann mit Schleifpapier leicht zu entfernen

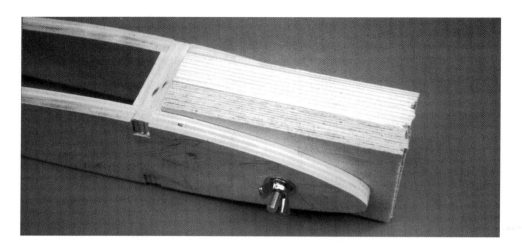

Abb. 4.6
Bei Rippenblöcken mit einer größeren Anzahl von dazwischenliegenden Brettern ist es zwingend notwendig, diese für die Verarbeitung zu klemmen. Hier eine Lösung mittels Schloßschraube und Flügelmutter

lineal und spitzem Bleistift nachfahren. Entlang des durchgepausten Striches das Profil herausarbeiten, so daß am Ende eine möglichst genaue Musterrippe vorliegt.

Die zweite Möglichkeit setzt voraus, daß Profile z.B. am PC inklusive Beplankungsabzug ausgedruckt werden können. In diesem Fall den Papierausdruck direkt aufs Holz kleben und danach die Musterrippen erstellen *(Abbildung 4.5)*.

Um während der Verarbeitung ein Verschieben der einzelnen Brettchen im Rippenblock zu verhindern, gibt es immer die einfache Maßnahme, diese gemäß *Abbildung 4.6* mittels Schloßschraube und Flügelmutter zu klemmen, so können sie sich auch beim notwendigen Umspannen im Schraubstock nicht aus ihrer Lage verschieben. Sollte dies passieren, war die Arbeit im Prinzip für die Katz, da es kaum möglich ist, verschobene Bretter wieder sauber im Rippenblock zusammenzulegen.

Diese Technik ist aber nicht immer anzuwenden, manchmal versagt sie. Das ist immer dann der Fall, wenn zwischen Wurzel- und Randbogen-Musterrippe eine sehr unterschiedliche Profiltiefe vorliegt, bereits bei 60% Randbogen-Profiltiefe gegenüber Wurzel-Profiltiefe gibt's Schwierigkeiten, es sei denn, eine extrem große Anzahl von Rippen liegt dazwischen, so daß der Rippenblock breiter wird. Sollte die Methode versagen, so hilft nur eins, jede Rippe paarweise anfertigen, was aber nach entsprechenden Vorlagen verlangt. Gut gezeichnete Baupläne berücksichtigen dies.

Wir wollen aber noch einen Augenblick länger beim Rippenblock verweilen, schon allein aus dem Grund, weil er doch in fast allen Fällen anzuwenden ist, vor allem bei Motormodellen, die in der Regel nur eine schwache Abnahme der Pro-

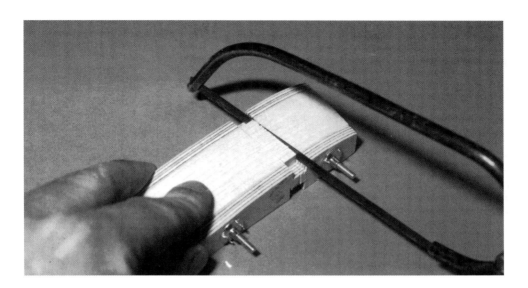

Abb. 4.7
Der Vorteil eines Rippenblocks liegt auch darin, daß die Holmausschnitte aller Rippen auf einmal herausgetrennt werden können

filtiefe zwischen Wurzel und Randbogen aufweisen. Wenn gar identische Profile an Wurzel und Randbogen vorliegen, ist ein Rippenblock oberste Pflicht.

Der Vorteil ist nämlich nicht nur der, alle Rippen „auf einen Schlag" herzustellen, sondern die Tatsache, daß sämtliche Ausschnitte für Holme, Abzüge für Nasen- und Endleiste gleich mit berücksichtigt werden können. *Abbildung 4.7* zeigt dieses Vorgehen, mit einer Pucksäge und Vierkantfeile sind z.B. Holmausschnitte in den Rippen herauszuarbeiten. Der Vorteil liegt auf der Hand, die Sache fluchtet hinterher sehr sauber, ebenso wie der gesamte Profilverlauf überhaupt.

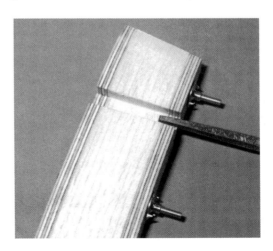

Abb. 4.7.1
Feinarbeit ist nach Heraussägen der Holmauschnitte notwendig, bestens geeignet: eine Vierkantfeile

Wer einen Rippenblock in dieser Form schon einmal angefertigt oder die Vorgehensweise verstanden hat, wird den Unterschied zur folgenden Variante schnell erkennen. Wir müssen hier ein wenig auf Kapitel 4.3 vorgreifen, es geht um den Kastenholm. *Abbildung 4.8* zeigt das Prinzip, der profilhohe Holm besitzt keine durchgehenden Rippen, sondern ein Teil ist stumpf vor, ein anderer stumpf dahinter geklebt. Damit für den vorderen Teil des Profils und den hinteren keine separaten Rippenblöcke anzufertigen sind, ist ein kleiner Trick bei unserem Rippenblock hilfreich. *Abbildung 4.9* zeigt einen solchen, er unterscheidet sich von unserem vorherigen durch einen Steg, der als Platzhalter für den späteren Holm dient. Im Prinzip ist mit Muster-Wurzelrippe und Muster-Randbogenrippe eine kleine Tragfläche aufzubauen, mit Platzhalter für Holm und spätere Verkastung *(Abbildung 4.10 und 4.11)*. Von nun an geht die Sache relativ leicht, wie beim „normalen" Rippenblock die entsprechende Anzahl an Brettern einschieben, klemmen und bearbeiten. Als Ergebnis liegen die Teilrippen vor, die dann stumpf von hinten bzw. vorne auf den Kastenholm aufzukleben sind.

Von diesem Stadium an bewegen wir uns wieder auf dem herkömmlichen Weg zum Aufbau einer Tragfläche, so wie er im weiteren Verlauf Stück für Stück beschrieben wird.

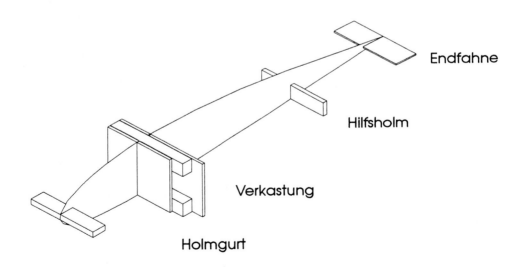

Abb. 4.8
Um einen ganz anderen Tragflächenaufbau handelt es sich bei Flächen mit Kastenholm, dieser ist in der Regel profilhoch und teilt daher die Rippen in zwei Hälften

Abb. 4.9
Der zum Kastenholm gehörige Rippenblock unterscheidet sich gegenüber dem herkömmlichen durch einen feststehenden Steg, er ist der Platzhalter für den Holm, da die Rippen ja zweigeteilt sind

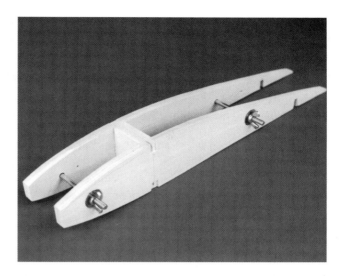

Abb. 4.10
Dieser Sonderfall eines Rippenblocks ist nichts anderes als die später aufzubauende Tragfläche mit Mini-Spannweite. Daher die geforderte Anzahl an Rippen zwischenlegen, mit zwei Schraubzwingen den Block pressen und den Holm-Platzhalter mit genauer Passung fest mit den Musterrippen verkleben

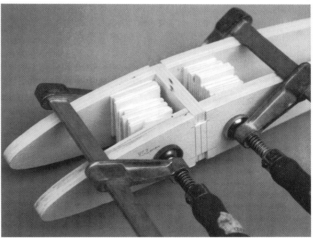

Abb. 4.11
Zum Abschluß der Arbeiten noch die „Verkastung", sie dient hier erneut als Platzhalter und muß daher aus dem Material bestehen, mit dem später auch der Kastenholm abgesperrt wird

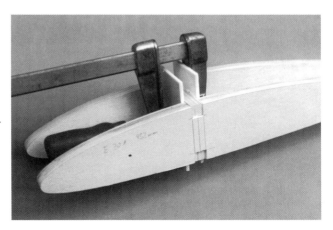

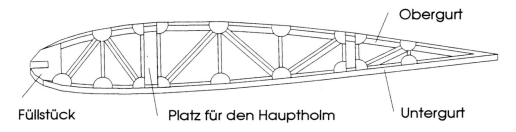

Abb. 4.12
Die arbeitsaufwendigste Variante einer Tragfläche ist ohne Zweifel eine mit Rippen in Stäbchen-Bauweise. Hier zeigt sich der systematische Aufbau. Im Bereich der Nase ist ein Füllklotz einzubringen, da der enge Radius aus Gurten weder zu biegen noch zu laminieren ist

Noch steht aber die Anfertigungen der Rippen an, nun aber in einer weiteren Variante: der Stäbchenbauweise. Sie besitzt bislang den Ruf, nur etwas für Experten zu sein, doch einmal abgesehen von einem wesentlich höheren Zeitaufwand, ist dieser eigentlich nicht gerechtfertigt. Der Aufbau selber ist und bleibt handwerkliche Hausmannskost und bietet sogar den Vorteil, eine Trag-

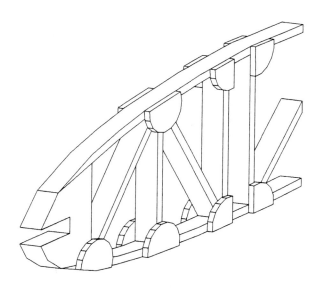

Abb. 4.13
Um die Knotenpunkte einer Stäbchenrippe zu verstärken, sind auf beide Seiten kleine Holzscheiben aufkleben. Der Arbeitsaufwand ist immens

fläche sehr leicht herstellen zu können. *Abbildung 4.12* führt den systematischen Aufbau einer Stäbchenrippe vor, Ober- und Untergurt sind Kernpunkt, mehrere vertikal und diagonal verlaufende Innenverstrebungen sowie ein Freiraum für Holme finden sich im Inneren. Der vordere Abschluß einer solchen Tragfläche stellt entweder eine herkömmliche Nasenleiste mit Hilfsholm dar, wie bereits in *Abbildung 4.1* dokumentiert, oder aber ein formgebendes Nasenfüllstück. Da die Verbindungen der inneren Verstrebung mit den Ober- und Untergurten durch eine stumpfe Verleimung nicht ausreichend ist, empfiehlt es sich, kleine Holzscheiben anzufertigen und damit die Knotenpunkte zu verstärken *(Abbildung 4.13)*. Spätestens jetzt wird klar, welcher zeitliche Aufwand allein die Anfertigung einer einzelnen Rippe bedeutet. Diese Arbeit geht mit einer Schablone etwas leichter von der Hand, *Abbildung 4.14* zeigt sie. Die gewünschte Rippenkontur auf ein Baubrett aufzeichnen und das Material für Ober- und Untergurt ebenso wie eine Reihe kleinerer Holzklötze bereitlegen. Letztere werden entweder auf das Baubrett genagelt oder geleimt, sie dienen nur dazu, beim Einbringen der Gurte und Querverstrebungen diese in Form zu halten. Nach Aushärten der Klebestellen können wir die Rippe nach oben aus der Schablone herausnehmen.

Hier zeigt sich noch einmal deutlich, daß diese Technik nichts für ein Modell ist, welches möglichst schnell aufgebaut sein soll, sondern nur für Bauprojekte, bei denen es wirklich auf das Gewicht ankommt, vornehmlich also Scale- oder Großmodelle. Die Entscheidung zugunsten dieser Bautechnik wird leichter fallen, wenn viele Rippen gleicher Profiltiefe vorliegen. Wer von der Wurzel- bis zur

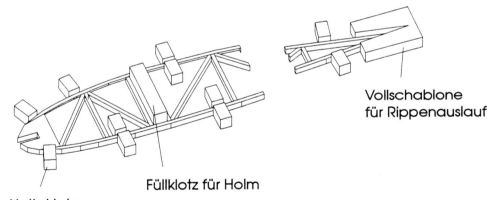

Abb. 4.14
Stäbchenrippen sind nur in Schablonen herzustellen, wobei zunächst das Einlegen des Ober- und Untergurts erfolgt, erst dann die Anpassung der vertikal und diagonal laufenden Verstrebungen.
Dabei anstelle der Holme Füllklötze anbringen, die exakt die Holmabmessungen aufweisen, damit sich die Rippen später sauber auf den Holm auffädeln lassen

Randbogenrippe keine zwei identischen hat, sollte sich das genau überlegen, unsere angefertigte Schablone ist dann nur für je ein Rippenpaar zu gebrauchen, der Bauaufwand treibt ins Uferlose.

Eine Besonderheit sei an dieser Stelle erwähnt, als Holme kommen nur Kastenholme in Frage! Ob sie nun profilhoch sind oder auf der Innenseite von Ober- und Untergurt enden, sei dahingestellt. *Abbildung 4.15* zeigt die zweite der genannten Versionen, denn hier sind zwischen den einzelnen Rippen noch Auffütterungen notwendig, um einen planen Abschluß zum Aufbringen der Nasenbeplankung zu erhalten.

Zum Schluß eine weitere Schablonen-Variante für Stäbchenrippen, sie bietet sich vor allem bei Profil- bzw. Rippentiefen kleiner als 300 mm an. In diesem Fall leistet eine Vollschablone gute Dienste, *Abbildung 4.16* zeigt sie. Aus einem Balsabrett ist die Profilkontur herauszuarbeiten, aber diesmal ist das Innere Abfall, wir brauchen das „Negativ", um es auf ein Baubrett aufzukleben. Im Inneren nun die Stäbchenrippe aufbauen, wobei eine dünne Klarsichtfolie den Untergrund vor Leimangriffen schützt und das anschließende Herausnehmen erleichtert.

Ist die Schablone erst einmal auf dem Baubrett befestigt, Ober- und Untergurte einlegen, dazwischen erst die senkrechten und dann die diagonalen Verstrebungen oder, wie hier gezeigt, die Innenrippe setzen. Diese müssen saugend passen, nur so ist gewährleistet, daß die Ober- und Untergurte an der Innenkontur der Vollschablone anliegen und am Ende eine profiltreue Rippe vorliegt. Diese Arbeit ist und bleibt wahnsinnig aufwendig, da ändert auch die Arbeitserleichterung durch Schablonen nicht viel.

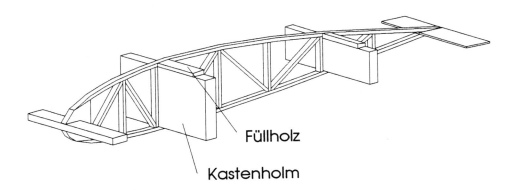

Abb. 4.15
Der Aufbau einer Tragfläche mit Stäbchenrippen bedingt einen Kastenholm, entweder profilhoch oder zwischen Ober- und Untergurt durchlaufend. Im zweiten Fall ist die Holmoberkante mit Füllholz, vorzugsweise aus Balsa, bis zur Rippen-Oberkante aufzufüttern

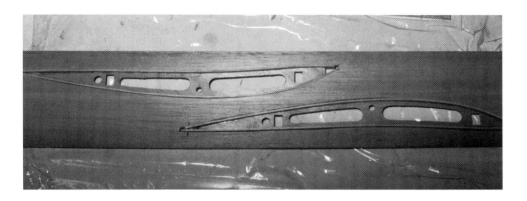

Abb. 4.16
Eine Vollschablone für Rippen immer mit Kunststoff-Folie unterlegen, damit sie sich hinterher überhaupt herausnehmen lassen. In diesem Fall wird das Innere der Rippe aber nicht durch kleine Stäbchen vorgegeben, sondern durch ein 1-mm-Sperrholz. Die eckigen Durchführungen für beide Holme sind herausgearbeitet, die großen Öffnungen dienen ausschließlich der Gewichtserleichterung

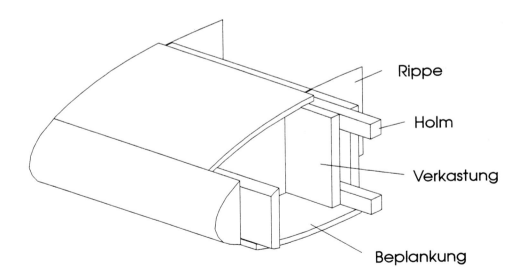

Abb. 4.17
Hier eine Tragfläche in klassischer Bauweise im Detail vor dem Holm. Der eigentliche Träger besteht aus zwei Rumpfgurten und der später aufzubringenden Verkastung

Abb. 4.18
Zum Aufstellen der Tragfläche zuerst die Holme mit Nadeln aufs Baubrett heften und erst dann die Rippen mit dem unteren Holm winklig verkleben. Ist diese Verbindung ausgehärtet, den oberen Holm einlegen

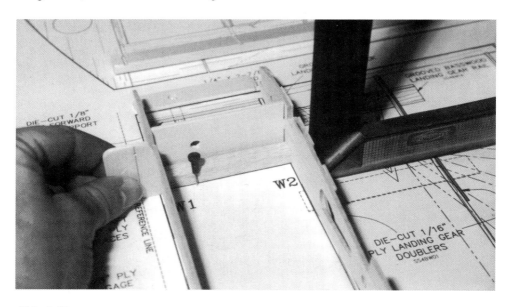

Abb. 4.19
Beim Aufbau einer Tragfläche in zwei Hälften ist an der Wurzel meistens eine V-Form zu berücksichtigen. Wird die Tragfläche – wie hier gezeigt – dabei auf dem Rücken aufgebaut, muß die Wurzelrippe natürlich auch „verkehrt herum" geneigt sein. Eine Schablone erlaubt das genaue Einstellen des Winkels

4.3 Holme

Wie in Kapitel 4.1 bereits angeschnitten, gibt es verschiedene Tragflächenkonstruktionen, aus deren Folge heraus natürlich auch unterschiedliche Holmformen. Eines haben sie jedoch alle gemeinsam, sie sind das tragende Element der Tragflächen, in ihnen sammeln sich die Biegekräfte entlang der Spannweite und sorgen dafür, daß unser Tragwerk im Flug die Ohren nicht anlegt. Es ist also immer auf ausreichende Festigkeit zu achten, schwach dimensionierte Holme sind der Anfang vom Ende.

Abbildung 4.17 zeigt den Aufbau einer Tragfläche in Standard-Bauweise, senkrecht stehende Rippe, quer dazu verlaufende Holme und Verkastungen sind später ein Gebilde. Genaugenommen liegen hier als Bauteile für den Holm nur die beiden Holmgurte sowie die Verkastungen vor, der Aufbau als solcher ist also relativ einfach. Als Gurte kommen in der Regel nur zwei Materialien zum Einsatz, Balsa oder Kiefer. Das zuerst genannte Material sollte uns immer dann dienen, wenn wir auf leichte Bauweise achten müssen, wozu bei der Auslegung der Materialstärken eigentlich genaueste Berechnungen nötig sind. Kriterium für die Dimensionierung der Holmgurte ist neben den Abmessungen in Breite und Höhe natürlich auch noch die Profilhöhe, und damit der Abstand der beiden Gurte zueinander *(Abbildung 4.20)*. Je größer dieser ist, um so geringer können Holmgurte in ihren Abmessungen ausfallen. Natürlich läßt sich die ganze Geschichte auch berechnen, schlaue Köpfe haben dafür eine ganze Reihe von Formeln aufgestellt. Wir wollen an dieser Stelle aber keinen Exkurs in Statikberechnung beginnen, sondern ein Auge auf die Praxis werfen. Aus dieser seien

$$W = \frac{B \cdot H^3 \cdot b \cdot h^3}{6 \cdot H} cm^3$$

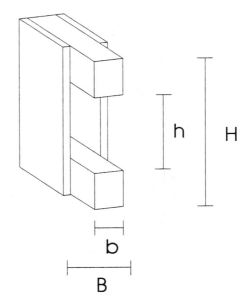

Abb. 4.20
Das Widerstandsmoment W (in cm³) eines Holms wird durch die innere (h) und äußere Höhe (H) sowie durch die innere (b) und äußere Breite (B) vorgegeben

jetzt ein paar Beispiele aufgeführt, und es zeigt sich ganz klar, daß sich gewisse Größen herauskristallisiert haben. Greifen wir uns einmal ein Motormodell mit einer Spannweite von 150 cm und einer Profiltiefe an der Wurzel von maximal 250 mm heraus. Bei diesen Modellen haben sich Balsaholme der Abmessungen 8 mm x 8 mm bewährt.

Bei diesem und den folgenden Beispielen sei aber jetzt schon klar gesagt, daß es sich um Anhaltswerte für Standardmodelle handelt, also keine Sonderkonstruktionen, die für extreme Belastungen ausgelegt sind. Wer brachialfeste Tragflächen oder besonders leichte Konstruktionen auflegen möchte, kommt ums Rechnen nicht herum. In diesem Fall sei Band 2 aus Franz Persekes Trilogie „Das Segelflugmodell", erschienen im Neckar-Verlag, empfohlen (ISBN 3-7883-1160-6). In diesem Fall wird im 3. Kapitel die Tragfläche als Biegeträger mehr als ausführlich vorgestellt und berechnet. Praktische Holm-Bruchtests zeigen sogar noch Abweichungen von theoretischen Berechnungen. Wer sich hingegen auf Standardwegen des Modellbaus bewegt, kann die beiden nun noch folgenden Beispiele als Statikmuster annehmen.

Bleiben wir bei unserem Beispiel eines Motormodells, vergrößern jetzt aber die Spannweite auf 2 m und die Profiltiefe auf maximal 450 mm. In dieser Größenordnung ist mit Abfluggewichten bis 7 kg zu rechnen und oft ein Benziner unter der Haube zu finden. Bei einer angenommenen Profildicke von 14% liegen in der Regel Holmhöhen an der Wurzel von mehr als 50 mm vor, und aufgrund dieses großen Abstands der Gurte zueinander reichen uns hier Kieferngurte der Dimensionen 5 mm x 10 mm. Vergrößert sich das Motormodell auf eine Spannweite von angenommenen 3 m, so führt kein Weg um Kiefernleisten der Stärke 10 mm x 10 mm herum. Wer sich diese drei Beispiele noch mal vor Augen führt, wird feststellen, daß von 8er-Balsa-Vierkantleisten über 5 mm x 10 mm Kiefer auf 10 mm x 10 mm Kiefer nur 3 Stufen vorliegen, mit denen die gesamte Spanne

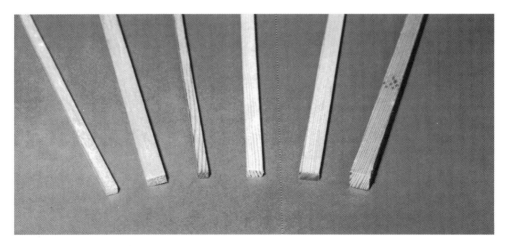

Abb. 4.21
Dies ist das Material, das für Holme häufig genommen wird: Balsa- und Kiefernleisten in Abmessungen von 5 mm x 5 mm bis 10 mm x 10 mm

abzudecken ist. Diese Größen haben sich in der Praxis mehr als bewährt, vor allem beim Einsatz in Motorflugmodellen.

Noch einmal an dieser Stelle klar der Hinweis, daß diese Daumenregel für Kunstflugmaschinen nicht gilt, aber deren Tragflächen werden ja heutzutage nur noch selten in Rippenbauweise erstellt.

Bei Segelflugmodellen sieht die Sache schon anders aus, sie haben gegenüber Motorflugmodellen den klaren Nachteil einer geringeren Profiltiefe (somit auch Profilhöhe) bei gleicher Spannweite oder, anders ausgedrückt, bei gleicher Profiltiefe an der Wurzel wesentlich größere Spannweiten. Die Tragflächen sind einfach nicht so kompakt wie beim Motorflugmodell, eher schlank und rank. Wer ein Segelflugmodell nach Plan aufbaut, hat es natürlich einfach, der Konstrukteur gibt die Dimensionierung der Holme vor, bei Eigenkonstruktionen hilft wiederum nur rechnen. Dennoch, hier erneut Beispiele aus der Praxis als Orientierungshilfe, erstes sei ein Segler um 150 cm Spannweite, in Holzbauweise häufig als HLG zu finden. Diese Leichtgewichte benötigen keine dicken Holme, eine sauber gebaute Holz-Tragfläche kommt mit Balsa 5 mm x 5 mm als Holme gut über die Runden.

Wechseln wir zu vorbildgetreuen Nachbauten, und zwar am Beispiel einer *KA 8 b* im Maßstab 1:4,3, das ergibt eine Spannweite von ca. 3,5 m. Das Modell ist übrigens in dieser Größe als Bauplan über den Bauplandienst vom Neckar-Verlag zu beziehen, gezeichnet hat ihn Jürgen Steffen. Bei dieser Konstruktion liegt ein vorbildlicher Holmaufbau vor, ebenfalls bei der in *Abbildung 4.1* gezeig-

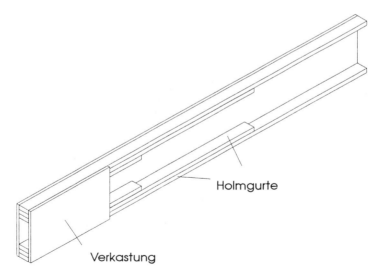

Abb. 4.22
Bei Segelflugmodellen sollte auf keinen Fall mit durchgehenden Holmstärken von der Wurzel bis zur Endleiste gearbeitet werden, Laminieren der einzelnen Holmgurte wird notwendig. Hier ein Beispiel in drei Stufen, an der Wurzel drei Gurte 10 mm x 3 mm, am Randbogen nur noch einer

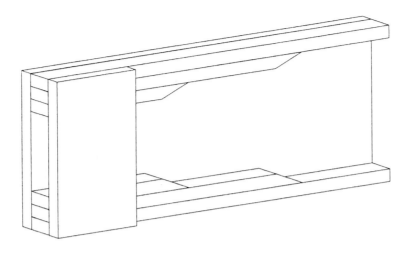

Abb. 4.23
Der Auslauf der einzelnen Gurte ist nicht scharf auszuführen, sondern gefast, das Anschleifen der Enden notwendig

ten Tragflächenkonstruktion. Während bei den bisherigen Beispielen alle Holme von der Wurzel bis zum Randbogen in einer Stärke gestaltet waren, so ist hier jetzt die Besonderheit eines zum Randbogen hin verdünnten Holms zu finden. An der Wurzel, dort wo die meisten Biegekräfte auftreten, besteht Bedarf nach einem größeren Holmgurtquerschnitt als am Randbogen, wo – im Vergleich zur Wurzel – nur noch geringe Kräfte auftreten. Aus diesem Grund nach *Abbildung 4.22* verfahren und den Holm in Stufen aufbauen, hier in drei. Das Bauplanmodell der *KA 8 b* kommt sogar nur mit zwei Stufen aus, an der Wurzel zwei Kieferngurte 3 mm x 10 mm, am Randbogen einen einzelnen gleicher Dimensionierung.

Aber Vorsicht, ein stufenweises Verleimen von Holmgurten bedarf der Umsicht. Nicht nur, daß die ganze Sache auf einem ebenen Baubrett unter ausreichendem Druck miteinander verpreßt werden muß, sondern auch, daß die Holme nicht einfach am Ende stumpf abgesägt werden dürfen. Nach *Abbildung 4.23* ist der Auslauf einer jeden Holmstufe „sanft" auszuführen, das Abschrägen mit einer Schleifplatte völlig problemlos. Wer diese Technik bei größeren Modellen anwendet, sollte sich unbedingt *Abbildung 4.24* anschauen, die einzelnen Holmgurte sind nämlich nicht irgendwie aufeinander zu kleben, sondern unter Berücksichtigung der Jahresringe. Die Anordnung sollte im Fischgrätenmuster erfolgen, wobei der Grund weniger in Stabilitätsgründen zu sehen ist, dafür arbeiten wir im Modellbau mit genügend Reserven, denn in einem möglichen Verzug der Tragfläche. Klebt man die Holme mit parallelen Jahresringen aufeinander, so können sich die Bauteile unter Einwirkung der Feuchtigkeit verziehen, Spannungen können auch in einer fertig gebauten Tragfläche auftauchen und zum Verzug führen.

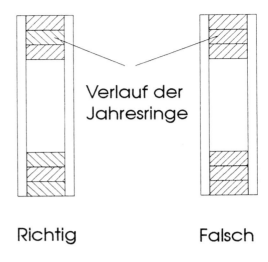

Abb. 4.24
Wer seine Holmgurte selber laminiert, sollte einen Blick auf die Stirn der einzelnen Kiefernleisten werfen. Die einzelnen Jahresringe sind nicht parallel zueinander anzuordnen, sondern in einer Art Fischgrätenmuster. Dies ist der einzig sinnvolle Schritt, späteren Verzügen der Holme entgegenzuwirken

Die an diesem Beispiel einer *KA 8 b* vorgestellte Technik der laminierten Holme ist aber keine Spielerei, sondern für Segelflugzeug-Tragflächen ab einer Spannweite von 3,5 m mehr als empfehlenswert. Es werden keine durchgehenden Holme gleicher Stärke benötigt, im Gegenteil, das würde sich sogar nachteilig auswirken. Liegt ein ausreichender Holmquerschnitt an der Wurzel vor, schleppen wir zum einen viel zu viel Gewicht entlang der Spannweite mit uns rum, zum anderen ist das Tragwerk in Richtung Randbogen viel zu biegesteif. Gerade bei Segelflugmodellen darf die Tragfläche entlang der Spannweite etwas nachgeben, sie braucht nicht bocksteif sein. Das richtige Maß ist aber zu finden, denn reduzieren wir das Holmmaß einfach, so kann die Stabilität an der Wurzel nicht mehr ausreichen und am Randbogen ist sie womöglich immer noch zu groß.

Als letztes Beispiel steht ein Großmodell an, eine *ASK 13* im Maßstab 1:3, 5,33 m Spannweite sind das Resultat. Dieser Brocken, bei dem mit einem Abfluggewicht von 13 kg zu rechnen ist, braucht natürlich bei einem Aufbau mit Holztragfläche einen entsprechend dimensionierten Holm. Hier wäre als Minimum ein dreifach gestufter Holm zu betrachten, an der Wurzel drei Holmgurte (5 mm x 10 mm) übereinander, über die Spannweite auslaufend bis hin zum Randbogen, wo wir dann nur noch eine Stärke 5 mm x 10 mm vorfinden.

All diese Beispiele sind nicht unbedingt auf andere Modelle zu übertragen, sie dienen an dieser Stelle mehr als Eckpunkte, um für Eigenkonstruktionen ein wenig Gefühl für Holm-Dimensionen zu bekommen.

Verlassen wir an dieser Stelle den klassischen Aufbau einer Rippentragfläche nach *Abbildung 4.1* und wechseln zu einer Bauweise mit Kastenholm, *Abbildung 4.25* zeigt den klaren Unterschied. Die Verkastung ist nun nicht mehr nach Aufbau der Tragfläche im Rohbau zwischen die einzelnen Rippenfelder eingebracht, sondern von vornherein Bestandteil des Holms. Vorteil dieser Bauweise ist der Umstand, daß Holme und Verkastung eine in sich geschlossene Einheit bilden.

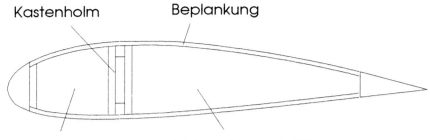

Abb. 4.25

Der Nachteil liegt hingegen darin, daß in der Regel auf eine konstante Verkastungsstärke von der Wurzel bis zum Randbogen zurückzugreifen ist, das Schäften unterschiedlicher Materialstärken und -sorten wäre hier zu aufwendig. Dadurch erhöht sich das Baugewicht geringfügig. Der Aufbau ist nicht nur deswegen eine des persönlichen Geschmacks, es gibt auch sonst keine zwingende Notwendigkeit für den Einsatz der herkömmlichen Bauweise oder den Aufbau mittels Kastenholm. Dennoch hat diese Methode auch ihre Vorteile, die aber kommen eher bei Großmodellen zum Tragen. Wenn hier Leichtbau gewünscht ist, ist der Holm auch zu nutzen, für was er eigentlich vorgesehen ist, nämlich zur

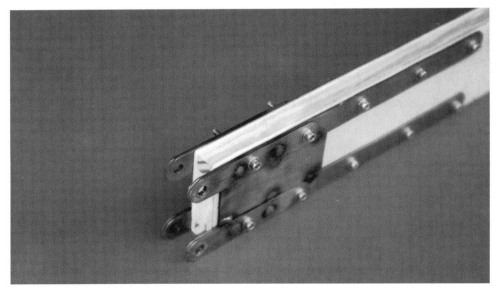

Abb. 4.26
Wer mit einem Kastenholm beim Tragflächenbau arbeitet, sollte auch die Steckung daran befestigen, hier die aufwendigste Variante. Stahlbeschläge aus 1,2-mm-Stahlblech sind im Bereich der Augen sogar aufgedoppelt

Aufnahme der Biegekräfte entlang der Spannweite. Der Holm ist hier also das wichtigste statische Element, um das die Fläche herum aufgebaut wird. Klar auch, daß die Steckung, egal wie sie ausfällt, direkt an den Hauptholm anzuschlagen ist, denn nur so kann die Peripherie leicht ausfallen. *Abbildung 4.26* zeigt einen solchen Anwendungsfall, der Kastenholm einer *Minimoa* im Maßstab 1:3, 5,66 m Spannweite besitzt sie. Mit der Einheit Steckung/Kastenholm sind die meisten statischen Probleme schon gelöst, die Tragfläche drumherum dient der Formgebung und Erzeugung des Auftriebs. Zugegeben, eine etwas naive Betrachtung, aber sie zeigt die klaren Vorteile des Kastenholms. An dieser Stelle gleich noch die Nachteile, der Aufbau der Tragfläche wird etwas aufwen-diger *(Abbildung 4.27)*, und wenn geometrische Schränkungen oder Profilformen mit einer konkaven Profilunterseite vorliegen, so ist der Aufbau der Tragfläche nur noch in einer Helling möglich. Rippen sind nämlich nicht mehr als ein Stück von der Nasen- bis zur Endleiste vorhanden. Ein klarer Nachteil, den wir uns beim weiteren Aufbau der Tragfläche erkaufen.

So einfach der Kastenholm von außen aussehen mag, im Inneren gibt es dabei noch etwas zu beachten. Gemäß Abbildung 4.28 ist der Aufbau an der Wurzel zu erkennen, die Ober- und Untergurte des Kastenholms laufen nicht einfach

Abb. 4.27
Der Tragflächenrohbau einer Fläche mit Kastenholm. Die Rippen sind von der Vorder- und Hinterseite stumpf an den Holm angeklebt. Eine diagonal laufende Kiefernleiste macht die Konstruktion an der Wurzel drehsteifer

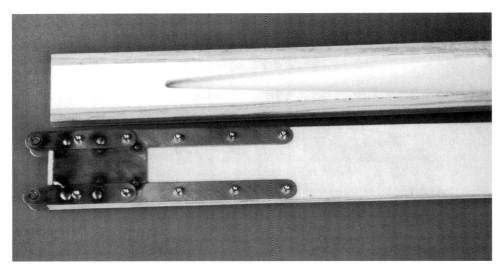

Abb. 4.28
Der Kastenholm birgt im Inneren mehr als nur einen rechteckigen Aufbau. An der Wurzel ist unbedingt ein Verstärkungsbrett mit Schwalbenschwanz anzubringen, damit die Biegekräfte der Steckung sauber in die Holmgurte eingeleitet werden können

stumpf aus, sondern besitzen an der Wurzel eine Sperrholz-„Füllung", in Form eines Schwalbenschwanzes. Nur so ist eine vernüftige Einleitung der sich dort sammelnden Biegekräfte in die Wurzel, sprich Steckung, möglich. Die Länge des Schwalbenschwanzes sollte etwa das Achtfache der Profilhöhe betragen, zu Beginn ist unser Holm also noch mit jeder Menge Sperrholz aufgefüllt.

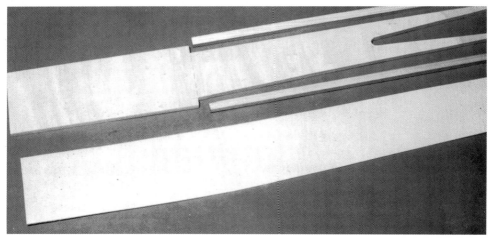

Abb. 4.29
Ein weiteres Beispiel eines Kastenholms, hier aber ohne Gurte an der Wurzel. Die Sperrholzauffütterung im Inneren ist profilhoch und die Holmgurte beginnen erst im Bereich des Knicks. Eine V-Form ist so relativ leicht umzusetzen

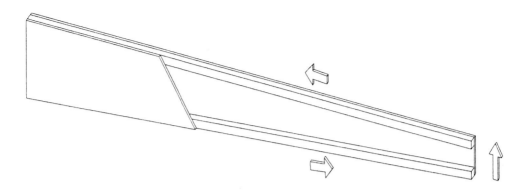

Abb. 4.30
Wer sich mit Kastenholmen auseinandersetzen möchte, kommt nicht darum herum, sich die Konsequenzen der Holmbelastung im Flug vor Augen zu führen. „Biegt" die Tragfläche im Flug durch, bewirkt dies nichts anderes als ein gegenseitiges Verschieben der beiden Holmgurte zueinander. Die Verkastung kann diese Kräfte alleine nicht aufnehmen, daher ist die Gefahr des Platzens nicht zu unterschätzen

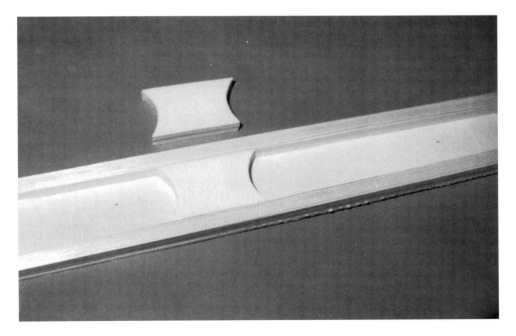

Abb. 4.31
Die in Abbildung 4.30 gezeigte Problematik ist einfach in den Griff zu bekommen, bei etwa 1/3 und 2/3 der Halbspannweite sind im Inneren des Kastenholms Verstärkungsbrettchen einzubringen, sie verbinden Ober- und Untergurt und können ein Verschieben der beiden Teile zueinander verhindern

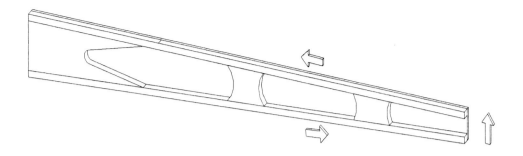

Abb. 4.32
Hier noch einmal der Kastenholm im ganzen. So aufgebaut, ist er Kernpunkt einer äußerst interessanten Variante des Tragflächenbaus

Abb. 4.33
Nachdem der Hauptholm nun so lange im Mittelpunkt stand, geht's jetzt um den nicht minder wichtigen Hilfsholm im hinteren Bereich der Tragfläche. Hier ist eine Befestigung mittels Stahlblech-Beschlägen nur mit einem Auge vorgesehen, da dessen Aufgabe ja keine andere ist, als die Tragfläche gegen Verdrehen zu sichern. Biegekräfte werden hier nicht übertragen! Dennoch ist unbedingt für eine sichere Aufnahme im Rumpf zu sorgen. Diese Variante einer Steckung darf aber nur dann angewendet werden, wenn sie zuvor genau berechnet wurde und schlußendlich gehärtete Bolzen mit Schaft zum Einsatz kommen. Normale Schrauben mit durchgehendem Gewinde bringen nicht nur Spiel, sondern auch Kerbstellen mit sich

Bei näherer Betrachtung des Bauteils in Richtung Randbogen gibt es offensichtlich nichts außer dem oberen und unteren Holm sowie der fest aufgeklebten Verkastung. Nur im Inneren muß es, bei etwa 1/3 und 2/3 der Spannweite noch zwei Verstärkungen geben, die jeweils Ober- und Unterholm statisch verbinden, so daß sich beide Gurte bei Biegebelastung nicht gegeneinander verschieben können *(Abbildung 4.30)*. Sollte dies auftreten, bewegen wir uns im Grenzbereich der Statik, im Extremfall beult die Verkastung nach außen auf, der Holm platzt. Die in *Abbildung 4.28* und *Abbildung 4.31* gezeigten Verstärkungen verhindern dies. Das Innere des Holms ist nach *Abbildung 4.32* also recht aufwendig.

Abb. 4.34
Beim Blick auf's Detail dürfen wir den Rohbau im ganzen nicht vergessen, hier eine mustergültig aufgebaute Tragfläche mit durchgehenden Rippen, zwei Holmgurten und Verkastung. Wir haben diese Bauweise bereits auf Abb. 4.18 und Abb. 4.19 kennengelernt

4.4 Endleisten/Nasenleisten

Der Aufbau unserer Tragfläche schreitet weiter fort, die Holme sind erstellt, die Rippen angefertigt und nun geht es darum, die Tragfläche als Ganzes aufs Baubrett zu stellen. Der vordere und der hintere Abschluß ist zu bewerkstelligen, dann liegt das vor uns, was den Namen Rohbau verdient.

Fangen wir bei der Nasenleiste an, *Abbildung 4.35* zeigt die Konstruktion einer herkömmlichen Tragflächen-Bauweise mit durchgehenden Rippen. Neben der eigentlichen Nasenleiste gibt's noch eine Hilfsleiste, sie ist stumpf auf die Rippen aufgeklebt und dient als Auflagefläche für die obere und untere Beplankung. Bewußt falsch ist die Konstruktion daneben gezeichnet, leider findet man sie immer wieder, vor allem bei Eigenkonstruktionen. Ohne diese Hilfsleiste ist später die Nasenleiste bzw. -beplankung nicht sauber zu verschleifen, da keine Auflagefläche auf ganzer Länge vorliegt. Die Beplankung wird eingedrückt und an jenen Punkten, an denen sie auf Rippen aufliegt, durchgeschliffen. Also, nur die links gezeichnete Version ins Auge fassen.

Da eine solche vorgesetzte Nasenleiste nur bei dieser Tragflächen-Konstruktion zu finden ist, wollen wir an dieser Stelle gleich das korrekte Verschleifen anschneiden: Häufig wird nämlich der Fehler gemacht, mit einem viel zu kurzen Schleifklotz die Nasenleiste Stück für Stück zu verschleifen. Das richtige Mittel ist und bleibt aber eine ca. 30 cm lange Schleiflatte, aus einem ebenen Stück Holz

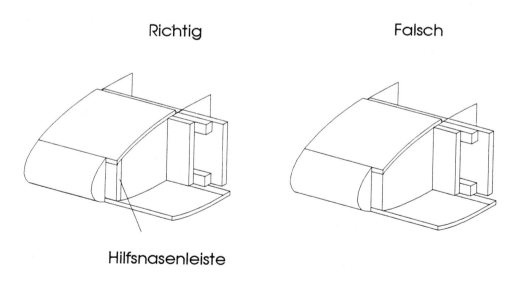

Abb. 4.35
Die Tragfläche aus Abbildung 4.34 ist nach diesem Muster aufgebaut, ganz wichtig die Hilfsnasenleiste, da erst sie das Auflegen der Beplankung ermöglicht. Daneben ein falscher Aufbau, die Beplankung findet keinen ausreichenden Halt an der Nasenleiste, die Oberseite wird nach Verschleifen wellig verlaufen

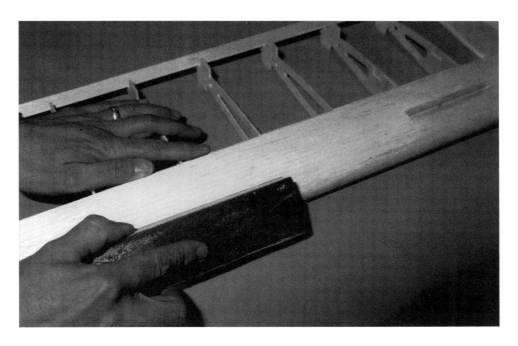

Abb. 4.36
Das Ankleben der Nasenleiste erfolgt erst nach Aufbringen der oberen und unteren Beplankung, aber das korrekte Verschleifen wollen wir uns jetzt schon einmal ansehen. Dazu eine ca. 30 cm lange Schleiflatte senkrecht vor der Nase ansetzen und in einer Schiebe-Drehbewegung zur Beplankung hin abrollen. Nie in die andere Richtung und nie mit einem kleinen Schleifklotz arbeiten!

hergestellt und mit Schmirgelleinen beklebt. Diese Latte nun gemäß *Abbildung 4.36* an der Nasenleiste ansetzen und unter „Schleifdruck" mit einer Vorwärtsbewegung zur Beplankung hin abrollen. Nur so ist ein sauberer Schliff der Nasenleiste gewährleistet. Das Arbeiten erfolgt mit größter Sorgfalt, unter Kontrolle des vorgegebenen Profils, nur so ist vor allem bei Segelflugmodellen die Flugleistung zu erreichen, die häufig erhofft wird. Wer will, kann sich für einige Punkte eine Schablone herstellen, diese dient dann zur Kontrolle von Nasenradius und der -kontur. Dazu wird der vordere Teil des Profils auf dünne Pappe oder 1-mm-Sperrholz übertragen, die Kontur herausgearbeitet und von vorne auf den Rohbau geschoben *(Abbildung 4.37)*. Die Nasenleiste sollte der Form entsprechen, ansonsten ist weiterzuschleifen, so lange, bis es paßt. Aber auch hier immer nur mit einer Schleiflatte arbeiten, und zwar mit der oben beschriebenen korrekten Handbewegung, denn die Profiltreue ist nicht nur an einigen Punkten einzuhalten, sondern über den gesamten Verlauf der Spannweite.

Wer Stäbchenrippen für seine Tragflächen gewählt hat, wird eine Konstruktion gemäß *Abbildung 4.38* wählen. Hier finden wir keine Nasenleiste im herkömmlichen Sinne mehr, sondern nur eine Hilfsleiste. Diese ist hauptsächlich dafür da,

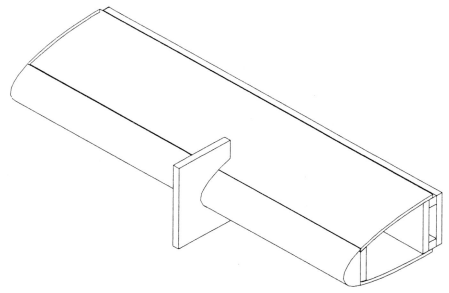

Abb. 4.37
Eine Profilschablone kann immer dann hilfreich sein, wenn enge Nasenradien zu verschleifen sind. Von vorne aufgeschoben, ermöglicht sie eine sehr gute Kontrolle der Arbeit

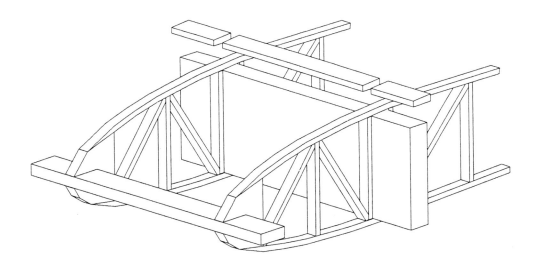

Abb. 4.38
Der Aufbau der Nasenleiste bei Stäbchenrippen ist gänzlich anders, hier dient lediglich eine durchlaufende Kiefernleiste dazu, daß die Beplankung zwischen den einzelnen Rippenfeldern nicht einfällt

das Einfallen der Beplankung im vorderen Bereich zu verhindern. Es gibt hier kein oberes und unteres Beplankungsteil für den Bereich vor dem Hauptholm mehr, sondern ein durchgehendes Stück. Wie dieses korrekt aufgezogen werden kann, steht noch in Kapitel 4.8 ausführlich geschrieben.

Der Weg für diese Konstruktion ist natürlich wie bei jeder anderen auch bereits beim Bau oder Herausarbeiten der Rippe zu planen, d.h., im vorderen Bereich den Füllklotz einschlitzen, so daß die Holzleiste später nur noch eingelegt werden muß. Aussägen des Schlitzes am Flächenrohbau bringt nur Ärger mit sich.

Eine Kombination aus beiden Techniken finden wir in *Abbildung 4.39*, gerade bei kleineren Tragflächen bietet sie die Vorteile einer sehr stabilen und dennoch leichten Nasenleiste. Die Rippen sind im vorderen Bereich diesmal nicht mit einem Schlitz ein- oder gar stumpf abgesägt, sondern mit einer winkligen Nut versehen. In diese ist eine Vierkantleiste eingelegt, profilkonform verschliffen und darüber die Beplankung aufgelegt, erst nach Aushärten die komplette Einheit verschleifen. Eine relativ einfache Lösung, die aber beim Aufbau größter Sorgfalt bedarf, da schnell zuviel von der Beplankung weggeschliffen wird und die ganze Konstruktion ihrer gewünschten Festigkeit beraubt ist.

Wie kann es anders sein, auch bei der Endleiste gibt es verschiedene Varianten, wir wollen die drei wichtigsten und deren damit einhergehende Problematik vorstellen. Alle drei stammen aus der Praxis und sind häufig in Bauplänen bzw. Baukästen zu finden.

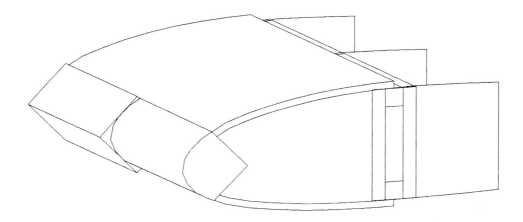

Abb. 4.39
Eine ganz andere Nasenleisten-Konstruktion zeigt sich hier, die Vierkantleiste ist direkt in die Rippen eingeklebt. Ein Aufbau, der nur bei gewissenhaftem Vorgehen gelingt, dann aber mit geringem Gewicht glänzt

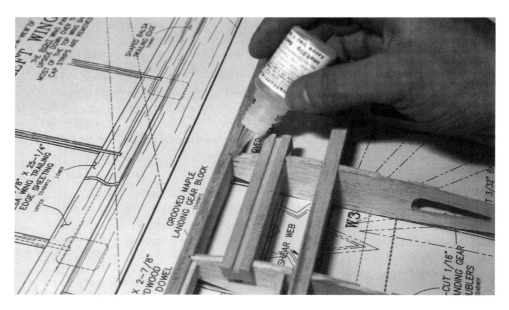

Abb. 4.40
Ist die Nasenleiste zur Aufnahme der Rippen eingeschlitzt, beide Teile mit flüssigem Sekundenkleber miteinander verbinden. So ist genaues Ausrichten der Nasenleiste an jeder einzelnen Rippe möglich, Stück für Stück von der Wurzel bis zum Randbogen vorarbeiten

Abb. 4.41
Die Kombinationsmöglichkeiten zum Aufbau einer Tragfläche sind vielfältig, hier sehen wir eine Tragfläche mit durchgehenden Rippen, aber dennoch einer durchlaufenden Kiefernleiste in der Nase

In *Abbildung 4.42* steht die klassische Endleiste im Mittelpunkt, sie besteht aus einer Balsa-Dreikantleiste, wobei diese nicht einmal aus dem vollen herauszuschleifen ist, es gibt sie nämlich in zahlreichen verschiedenen Größen direkt beim Modellbau-Fachhändler. Der Aufbau der Konstruktion ist dann auch fast schon klar, die Dreikantleiste wird mit Überstand (Dicke der Beplankung bzw. der Aufleimer) stumpf von hinten an die Rippe angeklebt. Bei Dreikantleisten mit einer Höhe kleiner als 5 mm ist diese einzuschlitzen, die Rippe also in den entsprechenden Schlitz einzukleben. Nur so ist gewährleistet, daß die Sache gegen Verzug gewappnet ist. Aus *Abbildung 4.43* wird klar, was gemeint ist. Der Überstand der Dreikantleiste ist notwendig, um die daran stoßenden Beplankungsteile bzw. Aufleimer ohne Stufe angrenzen zu lassen. Bei dieser Bauweise darauf achten, daß die Verbindung zwischen Rippen und Endleisten fest, also der Klebstoff ausgehärtet ist, bevor die Rippen beplankt werden.

Bei Variante Nr. 2 findet sich überhaupt keine Endleiste mehr, so wie wir sie eben gerade kennengelernt haben, die Rippen laufen sogar bis zum Profilende auf Null aus, die Beplankung der oberen und unteren Tragflächenseite stoßen direkt aufeinander. Diese Bauweise ist vor allem bei vollbeplankten Tragflächen zu finden, hier bilden obere und untere Beplankung so etwas wie eine ge-

Abb. 4.42
Die einfachste Form einer Endleiste ist jene aus Balsa, es gibt sogar viele Standardabmessungen fertig zu kaufen. Dennoch wird es immer notwendig sein, nach Aufstellen des Rohbaus noch zu schleifen. Das stumpfe Verkleben mit Rippen ist nur dann zulässig, wenn Aufleimer für zusätzlichen Kontakt zur Endleiste sorgen

Abb. 4.43
Wesentlich besser ist eine geschlitze Endleiste, so daß die Rippen in einer Nut mit der Endleiste verklebt werden. Das Setzen der Nuten ist aber echte Handarbeit, deren Position und Tiefe ist genau einzuhalten

schlossene Schale, auf eine Stabilität bringende Endleiste darf daher verzichtet werden. *Abbildung 4.44* zeigt die Konstruktion, beim Aufbau aber darauf achten, die untere Beplankung zuerst anzubringen, diese dann mit einer langen Schleiflatte auf einem harten Untergrund profilkonform zur Oberseite verschleifen und erst dann die obere Beplankung aufbringen.

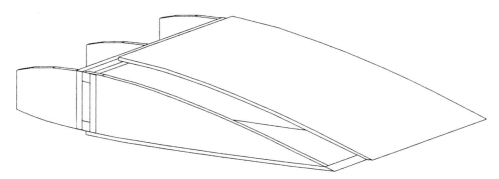

Abb. 4.44
Weglassen der bisher kennengelernten Endleiste ist nur dann möglich, wenn die Tragfläche voll beplankt wird. Dabei laufen untere und obere Beplankung spitz bis zum Ende hin aus

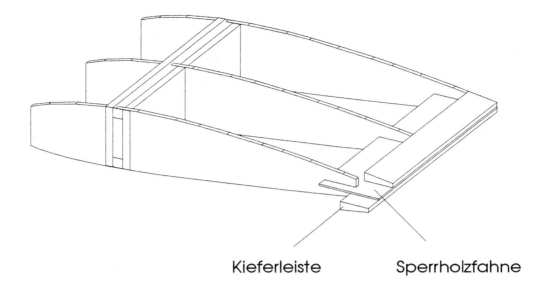

Kieferleiste   Sperrholzfahne

Abb. 4.45
Bei Großmodellen hat sich eine Endleistenkonstruktion durchgesetzt, die nicht nur jede Menge Stabilität mit sich bringt, sondern auch noch einen leichten Aufbau erlaubt. Eine Sperrholzfahne wird zuvor beidseitig mit Leisten beklebt, dann von hinten in die eingesägten Rippenenden eingeklebt und profilkonform verschliffen

Als letzte Konstruktion betrachten wir eine, die sich vor allem bei Großmodellen bewährt hat, eine relativ leichte Endleiste bei sehr hoher Stabilität ist das Ergebnis. Während sich der Aufbau aus *Abbildung 4.45* relativ schnell von alleine erklärt, ist aber seine Reihenfolge klar abzustecken. Es wird nicht etwa die Sperrholzfahne zunächst in die Rippe eingeschoben, verklebt und dann der obere und untere Endleistengurt aufgeleimt, sondern die Sache separat auf einem ebenen Baubrett aufgebaut. Als erstes dazu die Sperrholzfahne in der notwendigen

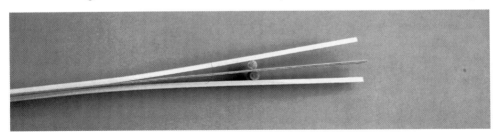

Abb. 4.46
Eine aus drei Teilen aufgebaute Endleiste vor dem Verkleben. Wer einen Knick in seiner Tragflächenkonstruktion zu verwirklichen hat, kann durch Laminieren der drei Teile in einer Schablone jeden gewünschten Radius herstellen

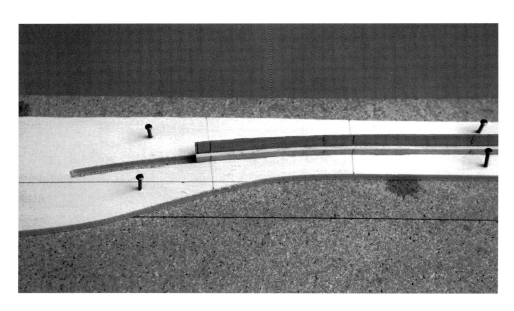

Abb. 4.47
Die in Abbildung 4.46 angesprochene Schablone besteht aus einem eingesägten Sperrholz, auf ein Baubrett aufgenagelt. Darin ist der Endleistenknick, meist ein Radius, zu laminieren

Abb. 4.48
Nach Betrachtung vieler Details erneut ein Blick auf das Resultat, mit Endleisten-Fahnen ist auch der Knick in der Tragfläche einer Minimoa zu realisieren

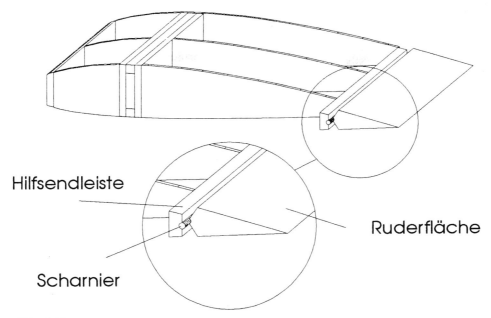

Abb. 4.49
Eine herkömmliche Dreikant-Balsaleiste muß nicht immer zur Festigkeit beitragen, sie kann auch als Querruder verwendet werden. In dieser Schnittzeichnung zunächst der prinzipielle Aufbau eines Endleisten-Querruders

Breite herunterschneiden, aufs Baubrett legen und den oberen Endleistengurt aufleimen. Alles ist unter Gewichten zu pressen, so daß bereits vor Einbau ein bolzengerades Bauteil vorliegt. Erst dann alles umdrehen und den anderen Endleistengurt mit Holzleim aufpressen. Jetzt ist die Konstruktion fertig für den Einbau. Damit ist auch klar, warum eine solche Endleiste relativ einfach zu handhaben ist, die Rippen sind nämlich vor Aufstellen auf dem Baubrett am Ende einzuschlitzen, ein einziger Schnitt mit einem Sägeblatt reicht. Als Sperrholzfahne haben sich übrigens solche der Stärke 0,4 mm bzw. 0,6 mm bewährt, die Endleistengurte selber sollten 2 mm x 10 mm messen (Abbildung 4.46). Auch wenn wir bis jetzt viel Zeit eingespart haben, die Endleiste aufzubauen, so kommt die größte Arbeit noch auf uns zu, der spätere Verbund ist am Rohbau noch profilkonform zu verschleifen. Gerade bei Verwendung von Kiefer als Endleistengurte ist das mühselig, da hilft nur eine gute Schleiflatte und etwas Geduld.

Mit einer ganz besonderen Endleiste treten wir nun in Kontakt, auch wenn sie genaugenommen eigentlich keine ist. Die dreieckige Abschlußleiste eines Tragflächenrohbaus ist nämlich auch als Querruder zu verwenden, häufig gesehene Praxis bei Baukastenmodellen. *Abbildung 4.49* zeigt den Aufbau im Schnitt, keilförmig zugeschliffen ist die Endleiste in Scharnieren drehbar und somit als Querruder zu benutzen. Klar, jetzt kann das Bauteil keine Festigkeit

Abb. 4.50
In jedem Fall beginnt der Aufbau eines Endleisten-Querruders damit, eine Hilfs-Endleiste mit der Beplankung auf Ober- und Unterseite an den Rippenenden zu befestigen

mehr in den Rohbau einbringen, daher ist der Abschluß der Tragfläche gemäß gleicher Abbildung auszuführen. Eine Hilfs-Endleiste schließt den Rohbau praktisch eckig ab *(Abbildung 4.50)*, die Endleiste sorgt jetzt nur noch für den spitzen Auslauf zum Ende hin. Nach *Abbildung 4.51* ist dann der Einbau der Anlenkung vorzubereiten, mit einer Rundfeile Vertiefungen in die Abschlußleiste des Tragflächenrohbaus einbringen, in diesen laufen später Z-förmige Gestänge zur Ansteuerung der Endleisten-Querruder. *Abbildung 4.52* verdeutlicht dies, zwei Gestänge mit Gewindeansatz schauen später aus dem Tragflächenrohbau

Abb. 4.51
Zwecks Vorbereitung der Anlenkungen auf beiden Seiten die Hilfs-Endleisten mit einer Rundfeile halbrund vertiefen, darin laufen dann später die Gestänge

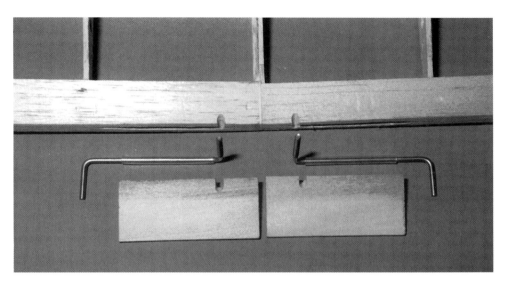

Abb. 4.52
Das ist alles, was zur Anlenkung der Endleisten-Querruder benötigt wird, ein gebogenes Gestänge mit darübergeschobener Bowdenzughülle (hier aus Klarsichtmaterial) und zwei Nutleisten in Endleistenform

Abb. 4.53
Das Ankleben der Einzelteile erklärt sich auf diesem Foto fast von selbst, es ist aber unbedingt darauf zu achten, daß das Gestänge nicht versehentlich verklebt wird, da sonst die Leichtgängigkeit der Ruder nicht mehr gewährleistet ist. Es empfiehlt sich, erst eine Hälfte anzukleben, diese mit Tesa-Krepp zu fixieren, und nach Aushärten erst die andere anzupassen. Mangelnde Sorgfalt bedeutet hier immer ungenaues Stellen der Ruder

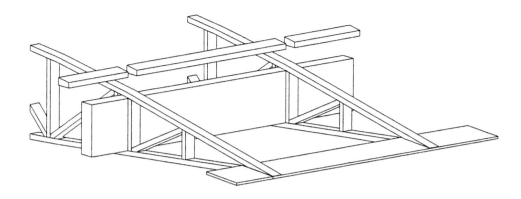

Abb. 4.54
Eine Endleiste bei Tragflächen mit Stäbchenrippen sieht ganz anders aus als alle bisherigen vorgestellten Konstruktionen. Eine einfache Sperrholzfahne läuft durch alle Rippenenden hindurch. Gut zu sehen ist hier auch noch mal die Auffütterung des hinteren Holms bis zur Oberkante der Rippen

oben heraus und übertragen Bewegungen auf das Querruder. Natürlich sind sie in den Rohbau einzubringen. Dazu dienen noch zwei sehr kurze Stücke einer herkömmlichen Dreikant-Endleiste, hier aber aus Hartholz. In diese ist ebenfalls eine halbrunde Vertiefung eingefeilt, so daß das fast unsichtbare Führungsröhrchen aus klarem Kunststoff zwischen Keil und Hilfs-Endleiste der Tragfläche festgeklebt werden kann. In *Abbildung 4.53* wird klar, was damit gemeint ist, die

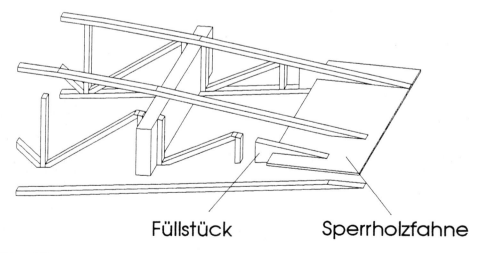

Füllstück   Sperrholzfahne

Abb. 4.55
Eine Sperrholzfahne als Endleiste ist bereits beim Bau der Rippe zu berücksichtigen, ein Einschnitt, notfalls durch Auffütterung mit einem Füllklotz, ist im Endleistenbereich vorzubereiten

linke Anlenkung ist bereits verklebt, ein Streifen Tesa-Krepp fixiert die Ausrichtung der beiden Teile während des Abbindens zueinander. Damit das Gestänge später wirklich frei läuft, ist dafür Sorge zu tragen, daß kein Klebstoff in die Bowdenzughülle hineinlaufen kann, ein Tropfen Öl ist dazu bestens geeignet.

Nun zu einem letzten Beispiel einer Endleiste, bei der wir genauer genommen an dieser Stelle mehr von einem Streifen zur Stabilisierung sprechen sollten. *Abbildung 4.54* zeigt den Verlauf dieser Endleiste systematisch. Richtig erkannt, es geht hierbei um Rippen in Stäbchen-Bauweise, die Gestaltung der Endleiste ist hier immer eine besondere Problematik, da eine Massiv-Holzleiste den Vorteil der sehr leichten Rippen in puncto Gesamtgewicht wieder zunichte machen würde. Daher auch hier mit dem Gewicht geizen, nach *Abbildung 4.55* nach Aufbau der Rippe in Stäbchen-Bauweise den Auslauf einschlitzen, so daß das Sperrholz nach Aufstellen des Rohbaus einfach von hinten eingeschoben werden kann.

4.5 Randbögen

Lassen wir es mit der einfachsten Version angehen, dem Randbogen aus Vollbalsa. Dieser ist nach *Abbildung 4.56* stumpf an die letzte Rippe des Flächenrohbaus geklebt und verschliffen. So einfach, wie die Sache klingt, ist sie auch, einmal abgesehen von der Genauigkeit, das Teil zu schleifen, damit es später unter dem Folienfinish nicht unangenehm durch eine wellige Oberfläche auffällt. Wer die Schleifarbeit auf ein Minimum reduzieren möchte, sägt den Klotz gemäß der vorgegebenen oder gewünschten Form in der Draufsicht aus und hält ihn einmal probeweise ans Profil. Nun mit einem Bleistift die Rippenform übertragen und mit einer entsprechenden Ausrüstung wie z.B. Bandsäge noch Material abnehmen. Den Randbogen festkleben und nach Aushärten mit einer Schleiflatte die Form endgültig herausarbeiten.

Abb. 4.56
Ein Randbogen aus Vollbalsa kann mitunter die einfachste Lösung sein, bedarf aber beim Verschleifen besonderer Sorgfalt

Eine Besonderheit des Vollbalsa-Randbogens ist in *Abbildung 4.57* zu sehen, in diesem Fall ist an die letzte Rippe einfach ein 10er-Balsabrett stumpf angeklebt und an den Rändern rund verschliffen. Dieses ist aber die Minimallösung, sie berücksichtigt nur die notwendige, zusätzliche Stabilität für die letzte Rippe. Der Randbogen hat neben dem aerodynamischen Abschluß nämlich auch noch die Aufgabe, den Rippenaufbau gegen Transportschäden zu schützen. Eine einfache Rippe als Abschluß des Tragflächen-Rohbaus wird sich nicht lange halten, spätestens beim Bespannen mit Folie verformt sich der Abschluß oder verabschiedet sich endgültig beim Transport.

Doch auch aerodynamische Aufgaben des Randbogens sind nicht zu vernachlässigen, ein Blick auf die bemannte Luftfahrt sei erlaubt. Das Thema Randbogen ist dort eines der Schwerpunkte in der Entwicklung, um die Flugleistungen sowohl eines Airliners als auch eines einsitzigen Segelflugzeugs zu verbessern. Im Modell sind viele bestrebt, diese Entwicklungen zu übertragen, das Gebilde nennt sich Winglet. *Abbildung 4.58* zeigt ein solches Teil und den möglichen Aufbau aus Holz, eine Sperrholzplatte als Grundträger und zwei Abachileisten sind der Ausgangspunkt. Nach Ankleben an den Randbogen, den Übergang zwischen Sperrholzplatte und Profil durch Feilen mit einer Rundfeile herstellen, eine mühselige Arbeit, die aber vor allem an Segelflugzeugmodellen die Optik stark aufwertet. Doch damit genug des Bestrebens, Voll-GfK-Teile aus Holz nachzubauen. Kommen wir zu unserem eigentlichen Thema zurück.

Abb. 4.57
Optisch keine Schönheit, aber das absolute Minimum eines Vollbalsa-Randbogens ist ein stumpf vor die letzte Rippe geklebtes Balsabrett, vornehmlich der Stärke 10 mm

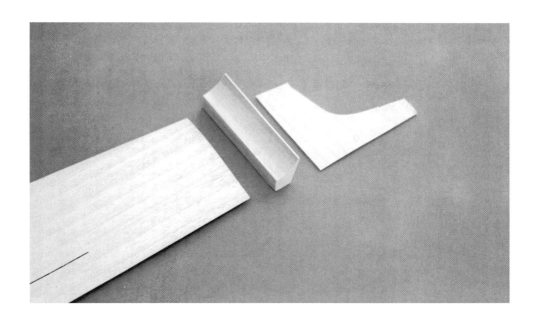

Abb. 4.58
Wenn es auch zum Thema GfK-Technik passen könnte, Winglets modernerer Segelflugzeuge sind auch aus Holz zu imitieren, hier die „Ausgangslage"

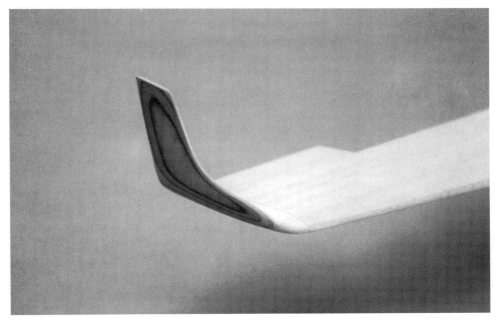

Abb. 4.59
Mit etwas Geduld, Schleifarbeit und später noch Lack können passable Winglets das Ergebnis sein

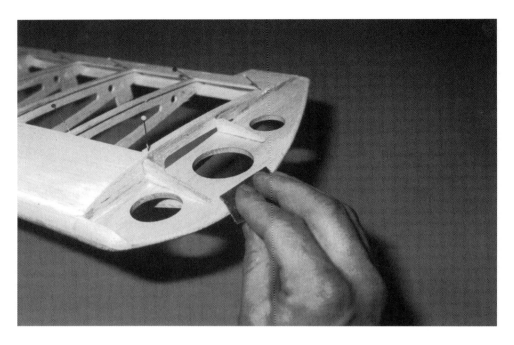

Abb. 4.60
Kommt ein gerades Brett als Randbogen zum Einsatz, dieses durch kleine winklige Balsabrettchen abstützen, ansonsten ist entweder Verzug oder gar Bruch unter Spannung die Folge

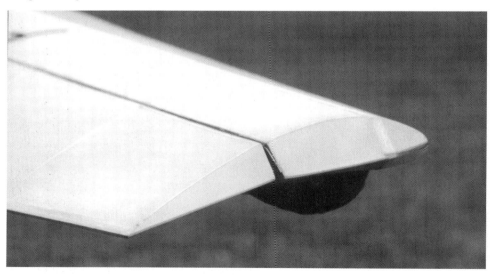

Abb. 4.61
Niemand vermutet unter diesem Randbogen einen herkömmlichen Brettaufbau. Wenn der Aerodynamik des Randbogens nicht die größte Bedeutung zukommt, ist das eine leichte und schnelle Bauweise

Eine weitere Variante ist der Brett-Randbogen, *Abbildung 4.60* zeigt ihn. Gegenüber seinem Vollbalsa-Kollegen hat er nicht nur den Vorteil des geringeren Gewichts, sondern vor allem einen wesentlich einfacheren Aufbau. Entsprechend der Draufsicht ist aus einem Balsa-Brettchen die Kontur des Randbogens herauszuschneiden, das Teil an den Rändern rund zu verschleifen und stumpf an die letzte Rippe zu kleben. Da aber diese stumpfe Verklebung nicht ausreichend ist, sind hier noch unbedingt kleine winklige Balsabrettchen einzukleben, *Abbildung 4.60* zeigt ebenfalls deren korrekte Form. Ein paar Löcher im Balsabrett erlauben weitere Reduzierung des Gewichts bzw. Verwendung größerer Materialstärken bei gleichem Gewicht.

Der letzte Randbogen-Typ, den wir hier vorstellen wollen, ist auch der komplizierteste im Aufbau, aber bei manchen Modellen nicht wegzudenken. Eine Vollbalsa-Version ist in der Regel bei kleineren Modellen zu finden, eine Brett-Konstruktion bei solchen, bei denen es auf das Gewicht ankommt und die folgende Version bei Großmodellen. *Abbildung 4.62* zeigt den Randbogen einer *Piper* im Maßstab 1:3. Wer hier mit einer der vorherigen Randbogen-Techniken arbeitet, wird einfach nur Material verschwenden. Es ist wesentlich einfacher, aus einem massiven Brett die äußere Kontur des Randbogens herauszuarbeiten. Wer sich das Foto genau ansieht, wird feststellen, daß die letzte Rippe lediglich die zweitletzte ist, denn die auf dem Foto zu sehende „letzte Rippe" ist genaugenommen schon Teil des Randbogens. Hier wurde vorbildlich für eine leichte Konstruktion gearbeitet, diese unterstützt nämlich nochmal den Randbogen in seiner Form und gibt zusätzlich Stabilität.

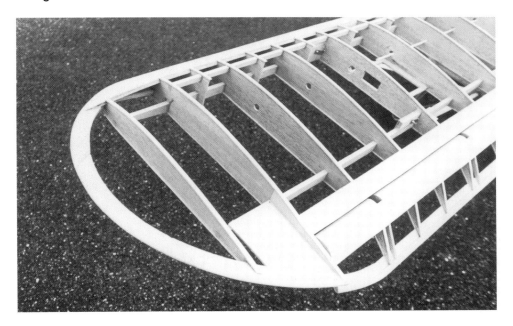

Abb. 4.62
Randbögen müssen nicht immer aus einem ganzen Brett bestehen, sie dürfen auch nur als Streifen ausgebildet sein, hier „Vollmaterial" an einer Piper

Wenn noch mehr mit dem Gewicht gegeizt wird, kommt nur noch ein Randbogen, aus mehreren Streifen dünnem Sperrholz laminiert, in Frage, eine Nagelschablone ist dann eine große Hilfe. Dazu sind Sperrholz-Streifen entsprechend der maximalsten Dicke des Randbogens auszuschneiden, in einer Nagelschablone nach Kapitel 7.5 miteinander in endgültige Form zu verkleben und dann in die Konstruktion einzubringen. Anschließendes, halbrundes Verschleifen schließt diese arbeitsaufwendigste Variante eines Randbogens ab.

4.6 Ruderklappen

Die Aufgabenstellung an Ruderklappen ist klar, sie sollen das Modell in die gewünschte Richtung dirigieren, seien es nun Höhen-, Seiten- oder Querruder, und dennoch sind sie beileibe nicht in eine Schublade zu stecken. Da wir uns in diesem 4. Kapitel ausschließlich mit Tragflächen befassen, sollen an dieser Stelle auch nur Querruder und Wölbklappen im Vordergrund stehen, Seiten- und Höhenruder folgen in Kapitel 6.1 und 6.2.

Querruder und Wölbklappen sind ein Teil der Tragfläche bzw. dessen Profil und sollten aus dem Grund auch mit dieser zusammen aufgebaut werden. Das separate Erstellen von Tragfläche und Ruder als zwei Bauteile ist zwar nicht sehr viel aufwendiger, birgt aber Gefahren mit dem profilkonformen Verlauf in sich. Gerade bei Seglern ist es immens wichtig, daß die Ruder in Neutralstellung Teil des Profils sind, da nur so gewährleistet ist, daß sie auch Auftrieb und nicht nur Widerstand erzeugen.

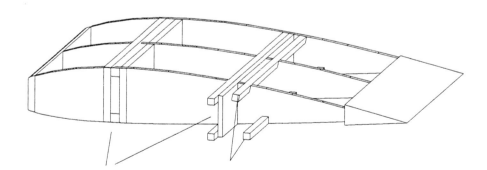

Tragflächenholme   Querruderholme

Abb. 4.63
Wer gewährleisten will, daß Querruder wirklich Teil des Profils sind, kommt nicht umhin, die Tragfläche im Bereich der Querruder zunächst in einem Stück aufzubauen und die Ruderflächen erst anschließend abzutrennen. Dazu sind im Rohbau von vornherein zumindest zwei Querruderholme vorzusehen

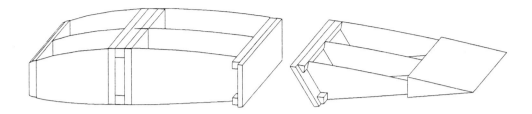

*Abb. 4.64
Nach dem Aufbau der Tragfläche im Rohbau und Abtrennen der Ruderflächen sind diese zu verkasten. In diesem Baustadium sind sie für die weitere Verarbeitung drehsteif genug*

Abbildung 4.63 zeigt dabei eine mögliche Vorgehensweise. Die Tragfläche im Rohbau so aufbauen, als gäbe es eigentlich gar keine Querruder. Ausschließlich die beiden Querruder-Holme in die Rippen gleich fest einleimen. Später das Ruder abtrennen, dank Endleiste und beiden Querruder-Holmen ist es in sich einigermaßen drehsteif. Vorsichtiges Verschleifen und Verkasten gemäß *Abbildung 4.64* zeigt dann das mögliche Resultat. Diese Bauweise gilt jetzt einmal allgemein für viele Varianten, seien es nun Querruder oder Landeklappen, mit Spalt auf der Tragflächenunterseite oder nach Abbildung 4.65 gar mit Hohlkehle bzw. einer angedeuteten. In allen Fällen ist auf diesem Wege das beste Ergebnis zu erzielen.

Da Querruderholme noch im Rohbau in die Rippen einzulegen sind, ist ihre Position bereits vor Erstellung der Rippen festzulegen. Beim Rippenblock darf das

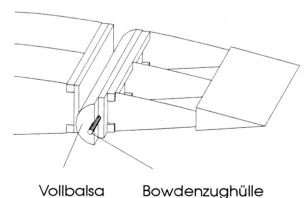

*Abb. 4.65
Der Aufbau einer Hohlkehle kommt in manchen Fällen dem Original wesentlich näher, birgt aber auch wesentlich mehr Aufwand in sich*

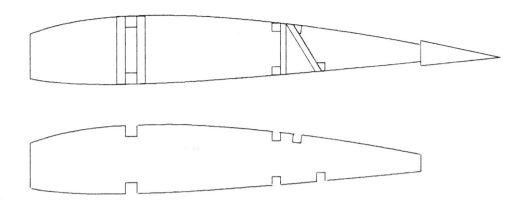

Abb. 4.66
Sollen Rippen im Block hergestellt werden, so bereits alle Aussparungen für Holme (auch der Querruder) berücksichtigen

Abb. 4.67
Ein Querruder, zusammen mit der Tragfläche aufgebaut. Bei so großen Rudertiefen wie an dieser Minimoa ist das auch nicht anders möglich

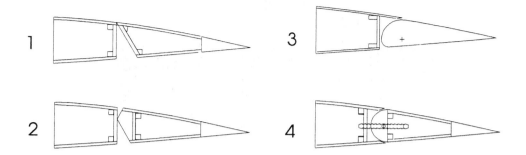

Abb. 4.68
Vier Querrudertypen auf einen Blick: Die einfachste Variante ist eine V-Kehle auf der Profilunterseite (1), immer dann anzuwenden, wenn das Ruder an der Tragflächenoberseite angeschlagen wird. Erfolgt die Lagerung hingegen mit Scharnieren, sowohl auf der Ober- als auch Unterseite eine V-Kehle vorsehen (2). Von einer Hohlkehle dürfen wir bei einer gerade bei Motorflugmodellen häufig gefundenen Lösung (3) genaugenommen nicht sprechen, da nur die Profiloberseite eine Abdeckung besitzt, die den Spalt so klein wie möglich halten soll. Unter (4) eine Hohlkehle mit Scharnierlagerung, ein sehr leichter Aufbau bei geringen Profildicken ist gewährleistet

Material bereits in diesem frühen Stadium weggenommen werden, *Abbildung 4.66* zeigt eine solche Musterrippe für den Rippenblock, unter Kapitel 4.2 steht ja geschrieben, was es damit auf sich hat.

Gerne würden wir an dieser Stelle noch zahlreiche alternative Konstruktionen von Querrudern und Landeklappen dokumentieren, aber da ihre Vielfalt genauso groß ist, wie die bei den Originalen, fällt es schwer, eine Auswahl zu treffen. Vier Varianten gemäß *Abbildung 4.68* sind die interessantesten, unter (1) ein offener Keil zur Profilunterseite hin, er ermöglicht die Bewegungsfreiheit des Ruders, angeschlagen ist es entweder mit Scharnieren oder Scharnierband an der fertigen Tragfläche. Bereits daneben gleich die komplizierteste Version, eine vorbildgetreu aufgebaute Ruderklappe, in einer Hohlkehle laufend. Sie ist so vor allem bei Nachbauten von Motormodellen in größerem Maßstab in Betracht zu ziehen, hier wäre die eben beschriebene Keilausführung ein zu großer optischer Kompromiß. *Abbildung 4.69* zeigt diese Variante an einer *Piper*. Ein eingesägter Messingstift weist am Ende eine Bohrung auf, durch die eine herkömmliche Schraube gedreht ist. Das Ruder selber ist daran in GfK-Laschen aufgehängt, diese sind wiederum auf beiden Seiten einer Rippe befestigt. Der Drehpunkt des Ruders liegt also außerhalb des Bauteils, man spricht daher gern auch hier von einer Offset-Aufhängung. An vielen Motormodellen sieht diese Aufhängung des Querruders oder auch der Landeklappen sehr ansprechend aus, hebt sie sich doch deutlich von der Keil-Ausführung ab. Ganz wichtig ist noch, daß der offene Spalt für die Bewegungsfreiheit auf der Oberseite möglichst gering ausfällt, je größer dieser ist, desto mehr Druckausgleich gibt es zwischen der Ober- und Unterseite des Profils, und um so schlechter wirken die Ruder.

Abb. 4.69
Die Lagerung von Querrudern an vorbildgetreuen Motorflugmodellen erfolgt gern im Offset, d.h., der Drehpunkt des Querruders liegt außerhalb des Bauteils

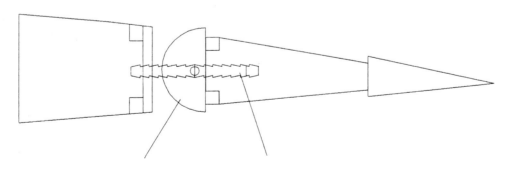

Abb. 4.70
Die einfachste aller Hohlkehlen besitzt Scharniere zur Lagerung, das Ruder ist an der Stirnfläche mit Vollbalsa beplankt und halbrund geschliffen. Der Spalt wird später durch die Beplankung abgedeckt (siehe Abbildung 4.68)

Version 4 nach *Abbildung 4.68* ist vor allem für Fans von Segelflugmodellen von größter Bedeutung, da es hier auch immer auf geringstes Gewicht ankommt. Die Bauweise ist so einfach, daß sie schon wieder genial ist. Im Rohbau sieht sie gemäß *Abbildung 4.70* noch etwas seltsam aus, suggeriert sie doch einen sehr großen Spalt zwischen Ruder und Beplankung. Die Aufhängung des Ruders erfolgt über Stiftscharniere an der Tragfläche, die Lagerung muß in entsprechend großen Abachiklötzen als Gegenlager erfolgen. Den Eindruck einer „echten" Hohlkehle erfährt es erst beim Aufziehen der Beplankung, diese ist nämlich über den Hilfsholm hinauszuziehen, so weit, daß sich das Ruder gerade noch frei bewegen läßt. Ein wenig Schleifarbeit und Geduld sind nun notwendig, das Resultat aber verblüffend echt. Warum also nicht einfach ein bißchen tricksen.

Abb. 4.71
So sieht das Resultat am fertigen Modell aus, kaum zu unterscheiden von einer „echten" Hohlkehle, dafür aber wesentlich leichter

Abb. 4.72
Es müssen nicht immer gerade Gestänge sein, um Querruder anzulenken, auch Fesselfluglitze darf zum Einsatz kommen

4.7 Störklappen

Bei Störklappen dürfen all die Leser, die ihr Herz an Motorflugmodelle verloren haben, ausnahmsweise mal ein Kapitel überschlagen, bei allen anderen wird man auf zwei getrennte Meinungen stoßen. Störklappen im Eigenbau, das ist doch gar nicht notwendig, es gibt doch eine ausreichende Anzahl käuflicher Exemplare am Markt. Stimmt, aber wer einen Oldtimersegler nachbaut und beim Landeanflug Störklappen zieht, für den wird es vielleicht der blanke Horror sein, wenn doppelstöckige Aluklappen aus der Tragfläche herausblitzen. Daher sei an dieser Stelle einmal die Vorgehensweise zum Aufbau solcher Klappen im Eigenbau dokumentiert. Klar ist auch, daß dies nur ein grober Wegweiser sein kann, der Aufbau solcher Klappen ist immer eine individuelle Lösung, die von Profilhöhe, Position und Öffnungswinkel abhängt. Schauen wir uns dennoch aber einmal das Grundprinzip einer funktionsfähigen Störklappe an, *Abbildung 4.73* zeigt die Klappe oben im geschlossenen, darunter im ausgefahrenen Zustand. Entlang der Holmmittellinie gibt es zwei Drehpunkte, an denen je ein Lamellenverbinder befestigt ist. An deren Enden sind dann die Störklappen angebracht, dadurch bedingt, liegen die beiden Klappen im eingefahrenen Zustand direkt aufeinander im Flügel. Über die beiden Drehpunkte erfolgt auch der Betätigungsvorgang.

Beginnen wir mit dem Aufbau, als erstes ist dazu auf einem separaten Baubrett der Längsschnitt durch die Tragflächen an der späteren Klappenposition aufzu-

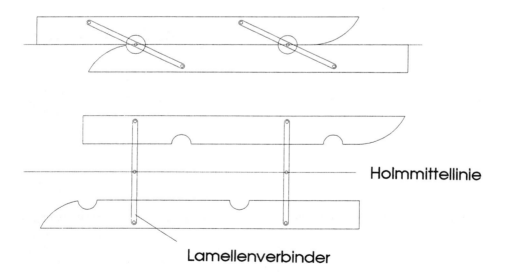

Abb. 4.73
Das Prinzip der Eigenbau-Störklappen. Aufgrund des durchgehenden Lamellenverbinders mit zwei Drehpunkten entlang der Holmmittellinie ist beim Ein- und Ausfahren ein deutlicher Seitenversatz die Folge

zeichnen. Da die Störklappen auf der Rückseite des Holms befestigt werden sollen, entspricht dieser Längsschnitt in seinen Abmessungen denen des Holms. Es ist also zur Erstellung der Klappen ein Musterholm notwendig, Abbildung 4.74 zeigt ihn. Wichtig ist jetzt das Einzeichnen der Mittellinie, in der Regel verjüngt sich ja der Holm zum Randbogen hin. Ist das geschehen, sind winklig zur Holmmittellinie die Rippenpositionen einzuzeichnen. Jene Rippen, an welche die einzelne Störklappe grenzt, sind als kurzer Stummel aufgeklebt. Probeweise aufgelegt sind bereits zwei 5-mm-Pappelsperrholzscheiben, welche später noch genau zu positionieren sind. Rechts oben und links unten sind noch zwei aufgeklebte Klötze zu erkennen, sie schließen jene Lücke, die durch den Versatz der Klappen nach *Zeichnung 4.73* entstehen.

Als Nächstes aus 3-mm-Sperrholz die beiden Störklappen anfertigen, im eingefahrenen Zustand reichen sie bis zur Holmmittellinie und schließen mit der Holmober- bzw. -unterkante ab. Danach gemäß *Zeichnung 4.75* die Positionen der Bohrungen an den beiden Störklappen festlegen. Dazu ist mit einem Zirkel ein Kreis um jeden Drehpunkt zu ziehen. Der Radius entspricht dabei der Holmhöhe und ist für beide Lamellenverbinder gleich! Auf dieser Kreisbahn liegen dann im Abstand von ca. 6 mm zur äußeren Kante die Befestigungspunkte der beiden Störklappen.

Anschließend noch die Lamellenverbinder aus Messing anfertigen. Wer es sich leicht machen möchte, greift dabei auf Stangenmaterial zurück, Standardmaß ist z.B. 3 mm x 5 mm. Diese mit Übermaß ablängen, in der Mitte als Drehpunkt eine Bohrung setzen und gemäß Zirkelkreis jene beiden Bohrungen, in die später die

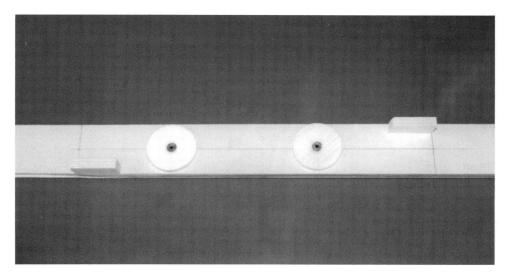

Abb. 4.74
Zum Aufbau der Störklappe ist ein Musterholm notwendig, er entspricht einem Längsschnitt durch die Tragfläche in der Position, in der die Störklappe später im Rohbau zu liegen kommt

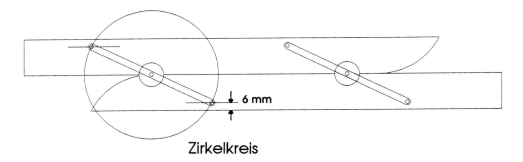

Abb. 4.75
Die Aufhängungspunkte der Störklappen an den Lamellenverbindern sind mit einem Zirkelkreis zu ermitteln, der Radius entspricht der Holmhöhe. Bei beiden Lamellenverbindern ist der Radius identisch!

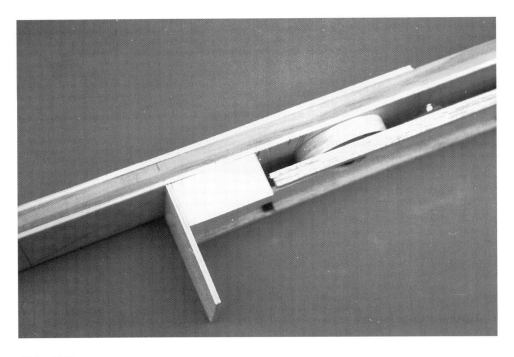

Abb. 4.76
An dieser Aufnahme wird noch einmal gut die Befestigung der Störklappe am Holm deutlich

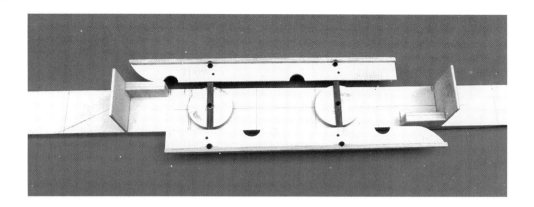

Abb. 4.77

Klappen eingehängt werden. Der linke und rechte Lamellenverbinder müssen übrigens identisch sein, gleichzeitiges Durchbohren auf dem Bohrständer empfiehlt sich daher. Wir nähern uns dem Ende dieser Arbeit, nun nur noch die Störklappenhälften mit M3-Schrauben, je zwei Unterlegscheiben und einer Stoppmutter an den Verbindungsstreben befestigen und auf den Musterholm auflegen. Spätestens jetzt stellen wir fest, daß die Lamellenverbinder einen Abstandshalter zum Holm benötigen, es muß also eine kleine Unterlage geschaffen werden, in diesem Fall besteht sie aus den in *Abbildung 4.76* zu erkennenden runden Sperrholzscheiben aus 5-mm-Pappelsperrholz. In *Abbildung 4.77* ist der Musterholm jetzt schon mit aufgesetzter Störklappe zu sehen. In *Abbildung 4.78* ein weiteres Detail, die obere Lamelle der eingefahrenen Störklappe endet direkt an einer Rippe, die untere an einem Füllklotz. Dieser ist notwendig, da durch ihr Grundprinzip die Drehklappen nicht einfach senkrecht aus der Fläche ausfahren, sondern einen seitlichen Versatz bedingt.

Abb. 4.78
Der durch die Bauweise bedingte seitliche Versatz der Störklappe beim Ein- und Ausfahren ist beim Einbau in die Tragfläche zu berücksichtigen, in der Regel ist ein halbes Rippenfeld mit einem Füllklotz zu schließen

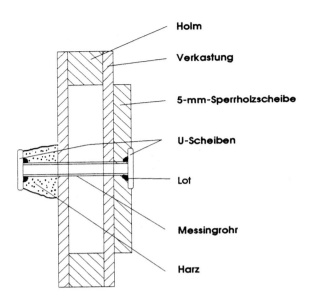

Abb. 4.79
Die Lagerung der Lamellenverbinder im Holm bedarf der besonderen Aufmerksamkeit, schließlich können wir nicht einfach ein Loch durch diesen bohren und einen Stahl durchschieben. Der Aufwand mit einem Messingröhrchen und beidseitig aufgelöteten Unterlegscheiben ist aus dem Grund notwendig, um einem Klemmen durch Feuchtigkeit entgegenzuwirken

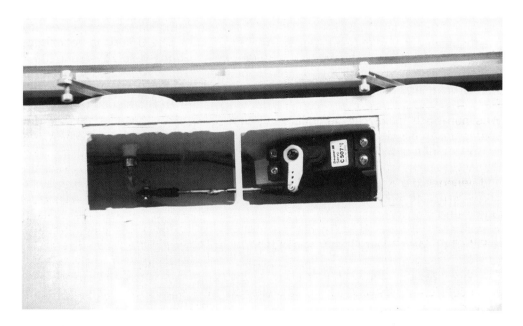

Abb. 4.80
Auf der Seite des Holms, auf der die Störklappe untergebracht ist, findet sich in der Regel zu wenig Platz, um auch noch das Servo zur Anlenkung unterzubringen. Aus diesem Grund haben wir die Lagerung der Lamellenverbinder gleich als Torsionsanlenkung genutzt, das Gestänge ist einfach abgewinkelt, ein Adapter für einen Gabelkopf aufgeschraubt und das Servo plaziert. Die beiden Öffnungen gewährleisten auch noch später eine Kontrolle der Anlenkung und Zugänglichkeit für eventuelle Reparaturen

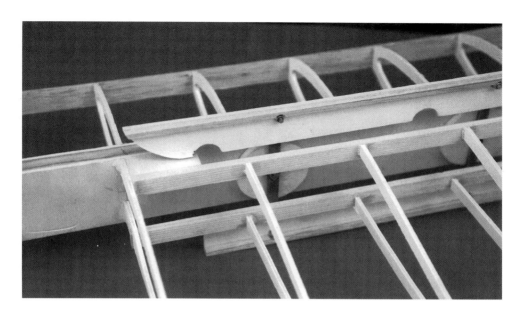

Abb. 4.81
In die Fläche integriert, sieht unsere Störklappe dann gar nicht mehr so arbeitsaufwendig aus. Ganz wichtig ist, daß eine Hilfsleiste den Störklappenkasten schließt, in diesem Fall dient sie auch dazu, die Rippen stumpf ankleben zu können

Was nun noch bleibt, ist die Anlenkung der Störklappen durch ein Servo, am besten geschieht dies über einen der Drehpunkte der Lamellenverbinder, also im Prinzip eine Torsionsanlenkung. Da wir auf der Seite des Holms, auf der sich die Störklappe befindet, fast keinen Platz mehr haben, wechseln wir die Holmseite und verlegen die Anlenkung der Störklappe dorthin. Es ist also ein Messingrohr nach *Abbildung 4.79* durch den Holm zu verlegen, an beiden Enden sicher zu lagern und die Achse zur Anlenkung der Störklappe durch den Holm zu führen. Warum aber so einen Aufwand treiben und auf die Enden des Messingröhrchens U-Scheiben löten? Der Grund ist einfach, unser Holm und die 5-mm-Sperrholzscheibe sind der Luftfeuchtigkeit ausgesetzt, ein Klemmen ist im schlimmsten Fall die Folge. Ein Messingröhrchen mit U-Scheiben an den Enden gewährleistet einen definierten Abstand, ein wenig breiter als das umgebende Holz – und somit gefeit gegen Klemmen.

Zum Schluß noch mal der Hinweis, daß der hier beschriebene Auf- und Einbau der Störklappen immer eine individuelle Lösung bleiben wird. Es ist nicht möglich, eine Standardklappe für alle Anwendungsfälle zu bauen, sonst wäre an dieser Stelle auch eine bemaßte Zeichnung veröffentlicht. Für jedes Modell muß die Klappe nach dem oben beschriebenen Ablauf konstruiert werden, Eigenarbeit ist hier also keine Mangelware. Dennoch lohnt sich der Aufwand, ein vorbildgetreuer Segler gewinnt durch diese Klappe einiges an Originalität.

Abb. 4.82
Die Arbeit wird durch die Optik mehr als belohnt, vor allem dann, wenn es gilt, Störklappen auf der Ober- und Unterseite ausfahren zu lassen

Abb. 4.83
Bei Eigenbau-Störklappen ist natürlich nicht nur nach dem vorgestellten Schema vorzugehen, eigene Kreativität hat hier viel Spielraum. Auf diesem Bild zeigt sich eine etwas andere Lagerung der Störklappe an den Lamellenverbindern, zwei senkrechte Stege sind eine sinnvolle Alternative

4.8 Verkastung

Wer eine Holztragfläche aufbauen will, sollte sich an dieser Stelle noch einmal über die Reihenfolge klar werden. Bei der konventionellen Bauweise beginnt man nach *Abbildung 4.18 und 4.19* mit dem Auflegen des unteren Holmgurts auf den Bauplan, stellt die Rippen senkrecht auf und legt dann den oberen Holmgurt ein. Das Ergebnis sieht dann schon ein bißchen nach Tragfläche aus, weiter geht's mit der Endleiste, egal für welche Konstruktion man sich entschließt. Dann die Rippen mit der Nasenleiste verbinden (notfalls auch nur fixieren), und zwar mittels Hilfsnasenleiste nach Kapitel 4.4. Wenn der Konstrukteur der Tragfläche die Berücksichtigung einer geometrischen Schränkung vorgesehen hat, die Randbogen-Rippe also eine geringere Einstellwinkeldifferenz gegenüber dem Höhenleitwerk aufweist als die Wurzelrippe, so ist dieser Wert durch Unterlegen von Hölzern im Endleistenbereich *(Abbildung 4.84)* oder auf einer Helling genau einzustellen. In diesem Stadium ist die Tragfläche noch sehr empfindlich gegen Verwindungen, in sich also unzureichend stabil. Wir dürfen jetzt die Tragfläche verkasten, doch Vorsicht, dieser Arbeitsschritt schließt nun den Verbund zwischen beiden Holmen und ist somit elementares Bestandteil der Statik einer Tragfläche. Gewollte „Verzüge" (z.B. eine geometrische Schränkung) bleiben

Abb. 4.84
Die Einhaltung eines konstanten Anstellwinkels zwischen Wurzel- und Randbogenrippe ist durch einfaches Unterlegen einer Hartholzleiste an der Endleiste möglich

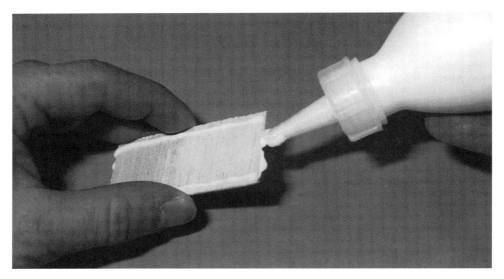

Abb. 4.85
Das Einstreichen der Verkastung mit Leim wird bedauerlicherweise häufig sehr fahrlässig vorgenommen, vor allem die Stirnflächen sind satt einzustreichen, sie stellen den Kontakt zu den Rippen her und sorgen somit erst für den Verbund der Verkastung mit Holm und Rippen

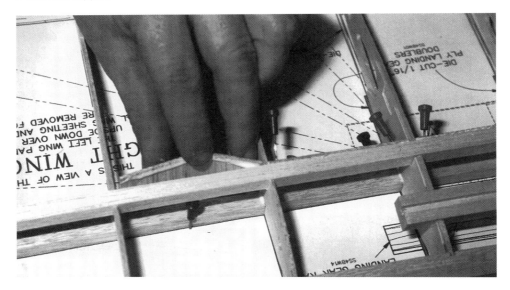

Abb. 4.86
Das Einsetzen der Verkastung bedarf der besonderen Sorgfalt, da auch die Stirnflächen mit Leim eingestrichen mit den Rippen Kontakt haben müssen. Leichtes Vorspannen, wie auf dem Foto gezeigt, erleichtert das Einsetzen. Da das Holz bei diesem Einsatzzweck mit senkrechtstehender Maserung verbaut werden muß, bedarf es nicht einmal größerer Kraft, sondern eher Feingefühls, damit das Material nicht einreißt

jetzt ebenso erhalten wie ungewollte durch ungenaues Ausrichten des Rohbau auf dem Baubrett. Das Verkasten selber erfolgt dabei Rippenfeld für Rippenfeld von der Wurzel aus, wobei auch darauf zu achten ist, daß die Brettchen saugend in die einzelnen Rippenfelder passen. Nur so ist nämlich gewährleistet, daß Biegekräfte von Verkastung zu Verkastung weitergeleitet werden, der Verbund aus Holmgurten und Verkastung für Stabilität sorgt.

Großzügiges Einpassen der Brettchen und Auffüllen des Spalts mit Leim bringt so gut wie gar nichts, das muß man sich klarmachen. *Abbildung 4.86* zeigt den richtigen Handgriff zum Einbringen der Verkastung. Gewährleistet wird dadurch ebenfalls, daß die auf den Kanten aufgetragene Leimraupe den Kontakt mit den einzelnen Rippen herstellt.

Außerdem noch beachten, daß bei Verkasten die Brettchen von der Wurzel ausgehend bis hin zum Randbogen nicht die gleiche Stärke bzw. Härte des Materials aufweisen. Die ersten Rippenfelder an der Wurzel mit Sperrholz beplanken, ab 1/3 der Spannweite dann auf Balsa gleicher Stärke wechseln. Dies sind aber nur Richtwerte, bei Nachbauten gemäß Plan sind die Angaben des Konstrukteurs strikt zu beachten. Der Grund für die abnehmende Festigkeit der Verkastung entlang der Spannweite liegt im Abnehmen der Biegekräfte in Richtung Randbogen. Um die Sache an dieser Stelle aber nicht zu abstrakt zu halten,

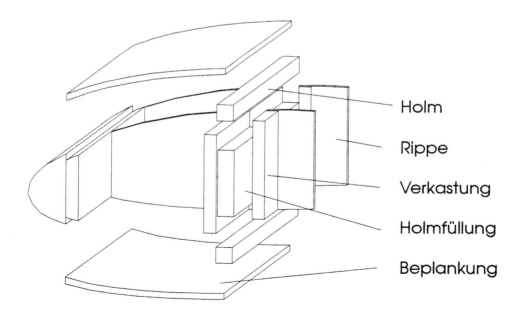

Abb. 4.87
Wenn der Holm ohne großes Mehrgewicht deutlich an Stabilität gewinnen soll, nicht immer die Verkastung in der Stärke anheben, sondern lieber auch einmal über eine Holmfüllung nachdenken. Die freien Räume zwischen Rippen, Gurten und Verkastung mit Balsa aufgefüllt, bringt bei geringem Mehrgewicht ein Vielfaches an Stabilität

greifen wir uns noch einmal ein konkretes Beispiel heraus, und zwar die Tragflächenhälfte eines vorbildgetreuen Segelflugmodells mit ca. 3,5 m Spannweite. *Abbildung 4.22* zeigte ja den beispielhaften Aufbau der Holmgurte, nun kommt die Verkastung dazu. Die ersten Rippenfelder sind beidseitig über 2-mm-Sperrholz miteinander verbunden, im Anschluß daran erfolgt der Wechsel auf eine einseitige Verkastung mit 3-mm-Balsa. Das Sperrholz wird an der Wurzel zwecks Festigkeit benötigt, im Inneren des Holms befindet sich die Steckung. Wer die Festigkeit der Tragfläche an der Wurzel weiter erhöhen möchte, sollte aber nicht einfach nur die Stärke der Verkastung vergrößern, sondern lieber vor Verkasten die freien Räume zwischen Holmober- und -untergurt mit Balsa auffüllen, *Abbildung 4.87* zeigt dies im Detail. Zur Steckung selber direkt steht in Kapitel 5.6 noch mehr geschrieben.

Damit ist klar, daß es bei der Wahl des Materials, seiner Stärke und der Möglichkeit zwischen beidseitiger und einseitiger Verkastung zahlreiche Kombinationen gibt, die verschiedene Baugewichte und Festigkeitsgrade zulassen.

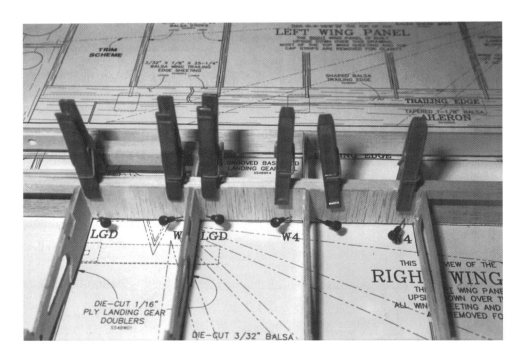

Abb. 4.88
Eine Verkastung erfüllt ihre Aufgabe nur dann, wenn sie festen Kontakt mit den Holmgurten hat. Das Anpressen mit Wäscheklammern oder Stecknadeln sind zwei der gängigsten Varianten

4.9 Beplankung

Wir führen uns noch einmal vor Augen, wie weit wir mit unserem Flächenrohbau gekommen sind, das Tragflächengerüst steht als solches, was fehlt, ist noch das Abdecken jener Rippenfelder vor dem Hauptholm, dahinter bleiben die meisten offen. Der Grund ist einfach: Eine Beplankung ist nicht nur ein Schließen der Felder aus „optischen Gründen", sondern hat handfeste Argumente. Als erstes wäre da das spätere Einfallen der Bespannung zwischen den einzelnen Rippenfeldern zu nennen, die stark gekrümmten Profilkonturen vor dem Hauptholm würden eine zu große Verfälschung des Profils bedeuten. Wesentlich wichtiger ist aber das statische Argument, *Abbildung 4.17* zeigte die Elemente des sogenannten Torsionskastens, der einen stabilen Leichtbau erst ermöglicht. Die beiden Holmgurte, die dazwischenliegende Verkastung und die Nasenleiste bilden zusammen mit der Beplankung einen geschlossenen Kasten, der in sich sehr steif ist. Wir schließen diesen Torsionskasten erst mit der Beplankung, und deswegen ist auch hier erhöhte Vorsicht notwendig. Während wir bis jetzt immer darauf geachtet haben, daß die Tragfläche keinen ungewollten Verzug erhält, so dürfen wir es hier nicht plötzlich vergessen. Wenn eine Tragfläche unter ungewolltem Verzug beplankt wird, so ist die Sache hinterher nicht mehr rückgängig zu machen, da der geschlossene Torsionskasten in sich so steif ist, daß er ein Verdrehen in die korrekte Position nicht mehr zuläßt. Nur dann, wenn die Fläche korrekt ausgerichtet ist, ans Beplanken gehen.

Erneut müssen wir uns unterschiedliche Bauweisen aus vorherigen Kapiteln vor Augen führen, lassen wir es mit einer herkömmlichen nach Abbildung 4.89 angehen. Hier finden wir auf der oberen und später auch unteren Seite je ein

Abb. 4.89
Das Aufbringen der Nasenbeplankung ist unproblematisch, muß aber in der richtigen Reihenfolge geschehen. Zunächst ist das Beplankungsmaterial im vorderen Bereich mit der Hilfsnasenleiste zu verbinden, dann erst nach hinten abrollen

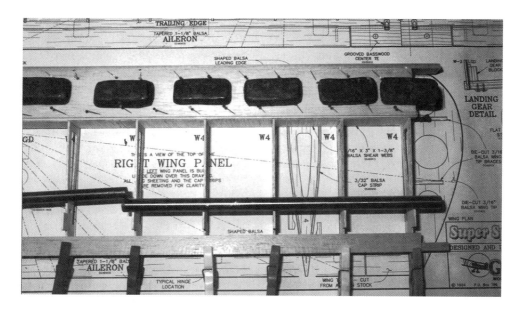

Abb. 4.90
Beschweren mit Gewichten ist nur aus dem Grund notwendig, um die Beplankung an allen Rippen sauber aufliegen zu lassen. Gewichte aber nur dort auflegen, wo sich im Inneren Rippen verbergen. Da dadurch das Rohbaugerippe „kopflastig" wird, darauf achten, daß der Rohbau im Bereich der Endleiste nicht vom Baubrett abhebt, notfalls beschweren

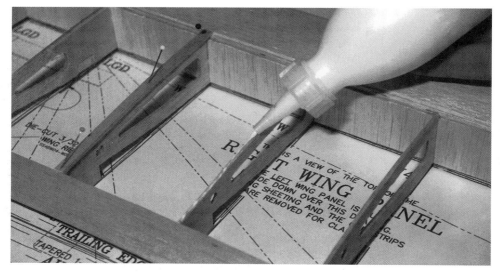

Abb. 4.91
Aufleimer anbringen ist, vom Zeitaufwand einmal abgesehen, einfach. Fixieren mit mindestens drei Stecknadeln ist aus dem Grund notwendig, um Auflage auf gesamter Länge zu gewährleisten

Beplankungsbrettchen, das mit der Vorderseite stumpf auf der Hilfsnasenleiste aufliegt und im hinteren Bereich Halt am Holm findet. Dazwischen hat es nur Kontakt mit den einzelnen Rippen, und so gehen wir dann beim Beplanken auch vor. Als erstes das Teil mit Stecknadeln im Bereich der Hilfsleiste an der Nase fixieren, die Beplankung nach hinten abrollen und am Holm ebenfalls mit Stecknadeln befestigen. Anschließendes Beschweren mit Gewichten *(Abbildung 4.90)* gewährleistet, daß die Beplankung überall auf den Rippen aufliegt. Ist die Verklebung erst einmal ausgehärtet, ist die Fläche in sich ausreichend drehsteif, um sie umdrehen zu können. Erneutes Ausrichten erlaubt ein Beplanken der Unterseite. Die Vorgehensweise bedarf wirklich der besonderen Sorgfalt, da spätere Korrekturen nicht mehr möglich sind.

Zum Kapitel Beplankung gehören aber auch Aufleimer, *Abbildung 4.91* zeigt das jetzige Baustadium, zwischen der Beplankung im Nasenbereich und den einzelnen Rippen sowie im Übergang zur Endleiste besteht noch eine Stufe, sie ist zu schließen, eben mit Aufleimern. Deren Stärke muß natürlich jener entsprechen, mit dem die Nasenleiste beplankt ist. Diese Aufleimer sind während des Abbindens nach *Abbildung 4.91* unbedingt mit mehreren Stecknadeln zu fixieren, um ein Aufliegen auf der gesamten Länge zu gewährleisten. Aufleimer erfüllen aber nicht nur die spaltfüllende Funktion, sondern machen so jede Rippe zu einem Doppel-T-Träger, tragen also zur Torsionssteifigkeit der Tragfläche bei. Aus diesem Grund Teile unmittelbar nach Aufbringen der Nasenbeplankung festkleben, in einem Baustadium, in dem die Fläche noch genau auf dem Baubrett ausgerichtet und fixiert ist.

Abb. 4.92
Wenn alle Aufleimer aufgebracht sind, schließt sich nicht nur die Stufe zwischen Nasenbeplankung und Rippe, sondern jede Rippe wird zum Doppel-T-Träger

Mit einer ganz anderen Technik müssen wir uns dann auseinandersetzen, wenn keine herkömmliche Konstruktion mit Nasen- und Hilfsleiste vorliegt, sondern die Beplankung um die Nase herumzuziehen ist. Als Material kommt ausschließlich dünnes Sperrholz in Frage, Balsa läßt sich nicht gescheit um die notwendigen Radien biegen. Je nach Modellgröße 0,4-mm- bis 0,6-mm-Sperrholz verwenden. Wer denkt, das ist nur etwas für Großmodelle, sieht sich getäuscht. 0,4-mm-Sperrholz läßt sich durch Vorbiegen in einer entsprechenden Vorrichtung *(Abbildung 2.19)* prächtig auch um engere Nasenradien ziehen.

Das eigentliche Aufbringen der Nasenbeplankung geschieht beim Aufziehen ohne vorheriges Biegen in zwei Schritten, als erstes die grob zugeschnittene Sperrholzbeplankung mit Hilfe einer Kiefernleiste und mehreren Schraubzwingen bzw. Klemmhilfen nach *Abbildung 4.93* auf der Oberseite des Holms festkleben. Die Rippen selber noch nicht mit Leim einstreichen, dieser Arbeitsschritt hat nur ein Fixieren der Beplankung am Holm zum Ziel, um das Sperrholz später sauber und somit eng anliegend um die Nasenleiste herumziehen zu können. Ist diese erste Klebestelle ausgehärtet, die Tragfläche umdrehen, von der Unterseite her die Kontaktfläche zwischen Rippen und Beplankung mit Leim einstreichen und natürlich den Holm selber. Nun die Beplankung um die Nasenleiste herumziehen

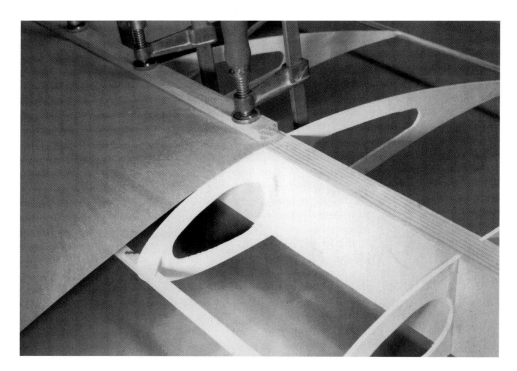

Abb. 4.93
Das Herumziehen von dünnem Sperrholz um die Nasenkonstruktion wird beim Vorgehen in zwei Schritten unkomplizierter, zunächst ist die Beplankung am oberen Holmgurt zu verkleben

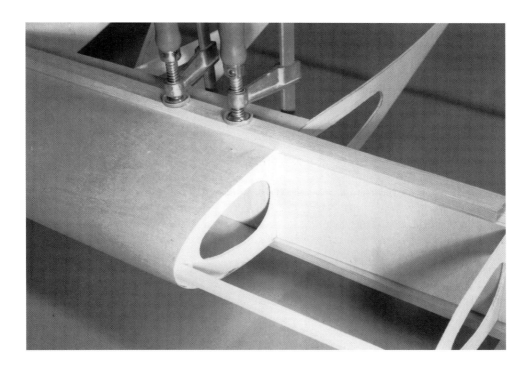

Abb. 4.94
Erst im zweiten Schritt erfolgt das eigentliche Herumziehen um die Nase. Vorteil dieser Vorgehensweise ist, daß sich das Beplankungsmaterial nicht mehr verschieben kann, wir dürfen sogar an der mit Übermaß zugerichteten Sperrholzplatte kräftig ziehen. Das Material jetzt auf der Holmunterseite pressen und erneut Zeit zum Trocknen geben

und erneut mit einer Leiste an den Holm anpressen *(Abbildung 4.94)*. Der Vorteil dieser Vorgehensweise in zwei Schritten ist der, daß die Beplankung nicht verrutschen kann, da sie auf der Oberseite des Holms bereits festgeklebt ist. Nach Aushärten des Klebstoffs die Ränder sauber beschneiden, mit Stahllineal und Balsamesser liegt dann ein Ergebnis wie in *Abbildung 4.95* vor. Der Stoß von Platte zu Platte ist wie in *Abbildung 2.9* gezeigt stumpf auszuführen. Als „Träger" für die Stoßstelle dienen die Rippen, und falls diese zu schmal sind, einfach mit 3-mm-Balsa aufdoppeln, dann liegt genügend Auflagefläche vor.

Viele Versuche, die Beplankung ohne vorheriges Vorbiegen in einem Stück um die Nase herumzuziehen, auf Ober- und Unterseite des Holms also gleichzeitig zu verkleben, scheitern. Es bleibt ein ewiger Kampf mit Schraubzwingen, damit die Beplankung wirklich an den Rippen eng anliegt.

Wenn Sperrholz hingegen für sehr enge Nasenradien in einer Vorrichtung vorgebogen ist, bleibt es einem leider nicht erspart, die Nasen-Beplankung doch in einem Stück aufzuziehen, da nur so gewährleistet ist, sie auf den Rippen sauber aufliegen zu lassen. Das vorgebogene Stück Beplankung daher nun von

Abb. 4.95
Erst dann, wenn die Beplankung auf Ober- und Unterseite sowie mit den Rippen fest verklebt ist, darf das Material beschnitten werden, vorzugsweise mit Stahllineal und Messer. Dabei unbedingt darauf achten, mit dem Messer nicht zu tief einzuschneiden, der Holmgurt als solcher darf nicht verletzt werden

vorne auf die Rippenkonstruktion aufschieben und auf Ober- wie Unterseite gleichzeitig am Holm fixieren. Zwei weitere Hände können hier sehr hilfreich sein!!!!

Zum Abschluß dieses Kapitels sollte noch ein Blick auf *Abbildung 4.96* fallen, das Mittelstück einer durchgehenden Tragfläche ist mit Balsa zu beplanken. Bei so kleinen Abschnitten und „normalen" Profilformen können wir es uns sparen, das Beplankungsmaterial vor Aufbringen auf eine ebene Bauplatte zu schäften oder zu verbinden. Wir dürfen hier ausnahmsweise Platte an Platte ansetzen. Wenn es aber schon einfach geht, soll es auch zügig vorangehen, darum kleben wir eine Platte fest, heften die nächste provisorisch nach *Abbildung 4.96* fest und zeichnen die zu beschneidenden Ränder an. Am Stahllineal mit Messer zwischen beiden Markierungen entlanggefahren, ein paßgenaues Beplankungsteil liegt vor.

Nach *Abbildung 4.97* sehen wir uns noch einmal den Sonderfall einer vollbeplankten Tragfläche an. Hier ist sowohl der Bereich vor als auch hinter dem Holm gänzlich abgedeckt. Bei dieser Bauweise ist so vorzugehen, daß erst der Be-

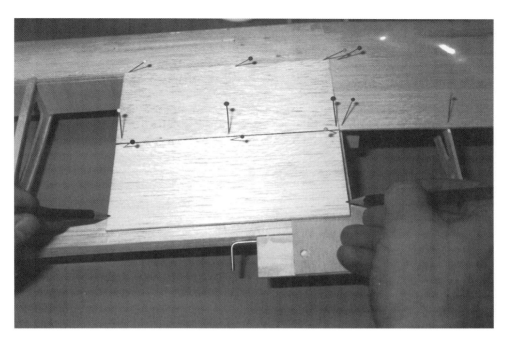

Abb. 4.96
Die Beplankung eines Mittelteils darf ausnahmsweise als Stückwerk erfolgen, ansonsten sollten wir Balsabeplankungen für Rippenflächen erst auf einem ebenen Baubrett schäften und dann auflegen. Geht man jedoch Stück für Stück vor, empfiehlt es sich, zum Zurichten der Platten das Material festzuheften und mit Bleistift die Schnittkanten anzuzeichnen. Mit Stahllineal und Messer bearbeitet, haben wir später paßgenaue Teile vorliegen

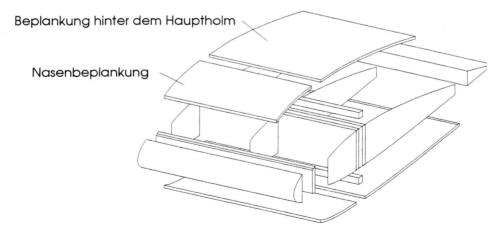

Abb. 4.97
Bei einer vollbeplankten Fläche fallen natürlich die Aufleimer im Bereich hinter dem Holm weg. Die Beplankung hinter dem Holm erst nach Aufbringen jener davor verkleben

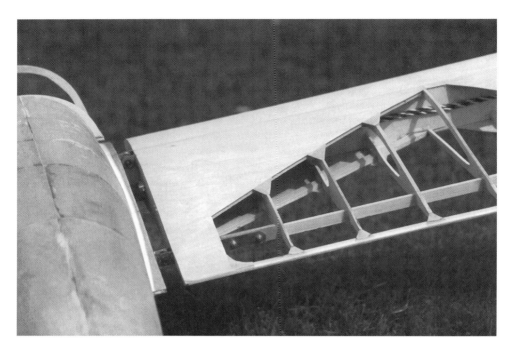

Abb. 4.98
So kann der Lohn der Mühe aussehen. Eine teilbeplankte Fläche mit Hilfsholm. Die Endleiste ist eine Konstruktion vergleichbar Abbildung 4.45, relativ spitz auslaufend verschliffen. Unter dem Folienfinish sieht die nur teilweise aufgebrachte Beplankung der Endleiste sehr ansprechend aus

reich vor dem Holm wie gewohnt beplankt wird, der Bereich dahinter wird in jenem Baustadium aufgebracht, in dem sonst die Aufleimer fällig wären. Man sollte auf keinen Fall versuchen, die gesamte Tragfläche mit einem Stück zu beplanken, das Risiko eines Verzugs ist zu groß. Die Stoßstelle zwischen den beiden Beplankungsplatten vor und hinter dem Holm läßt sich später mit einer Schleiflatte wunderbar ebnen.

5. Rümpfe

Nachdem wir uns durch die Mühen des Tragflächenbaus gekämpft haben, kommen wir zu einem Kapitel, welches eher als unproblematisch gelten darf. Der Bau von Rümpfen gestaltet sich gegenüber Tragflächen einfacher, das liegt in einigen Dingen begründet. Bei einem Segelflugmodell dient der Rumpf der formgebenden Funktion, er trägt das Leitwerk und sorgt dafür, daß die beiden Flächen im Flug die gleiche Position zueinander innehalten. Er ist in der Regel ein strömungsförmiger Körper mit so gewählten Abmessungen, die die notwendige Stabilität gewährleisten. Sie ist zumindest nicht auf engstem Raum bei großen Längen wie bei einer Fläche mit großem bautechnischem Aufwand herauszuholen, und die äußere Formtreue unterliegt auch nicht so hoher Bedeutung wie bei einer Tragfläche.

Bevor wir uns nun nach *Abbildung 5.1* mit den einzelnen Baugruppen wie Spanten, Seitenwänden, Rumpfrücken und Gurten auseinandersetzen, sollten wir Holzrümpfe nicht immer als Ganzes, sondern mit „Röntgenaugen" sehen, ein-

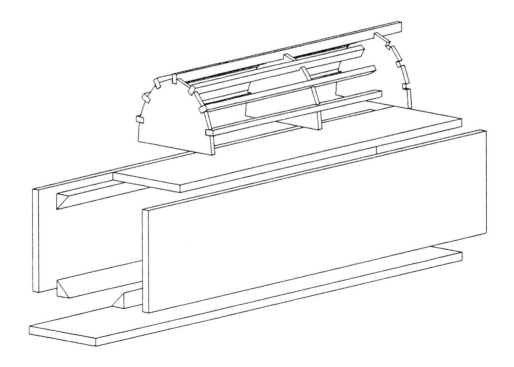

Abb. 5.1
Ein Rumpf kann ein sehr einfaches Konstrukt sein, vier Wände und ein Rücken, letzterer bestehend aus Halbspanten und Gurten

geteilt in stärker und weniger stark beanspruchte Bereiche. Die Auslegung der Festigkeit eines Rumpfs für Segelflugmodelle ist nach Einsatzprioritäten abzustecken. Jeder Einsatzzweck besitzt verschiedene Belastungen für die Struktur des Rumpfs, die beim Bau unbedingt zu berücksichtigen sind. Die Einteilung des Rumpfs in wenig und stark belastete Bereiche erlaubt einen sehr leichten Aufbau auch größerer Rumpfformen. Betrachten wir einmal verschiedene Anwendungsfälle, um ein „Gespür" dafür zu bekommen.

Der Rumpf eines Segelflugmodells, hauptsächlich im Winden- oder Gummihochstart auf Höhe gebracht, sollte durch entsprechende Auslegung und Dimensionierung der Spanten im Bereich der Steckung die Kräfte, die am Hochstarthaken zerren, möglichst großflächig einleiten. Kräfte beim Hochstart lassen sich vereinfacht so darstellen, daß das Seil am Rumpf zieht und die Flächen über die Steckung bremsen. Das macht klar, daß ein kräftiger statischer Verbund zwischen Flächenaufnahme am Rumpf und Gegenlager des Hochstarthakens bestehen muß. Der Bereich davor und dahinter könnte theoretisch sehr leicht gebaut werden, da er bei diesem Einsatzzweck nicht besonders stark belastet wird. Die Rumpfröhre hinter der Fläche trägt dann nur noch das Leitwerk und der davor das in der Regel notwendige Trimmblei in der Nase. An dieser Stelle noch der Hinweis, daß diese „Schwarzweiß"-Betrachtung und die noch folgenden für vorbildgetreue Nachbauten gelten, nicht für wettbewerbstaugliche Modelle der Klassen F3J oder F3B, hier treten beim Hochstart Belastungen auf, die eine Aufteilung in stärker und weniger stark belastete Teile des Rumpfs so nicht mehr zulassen.

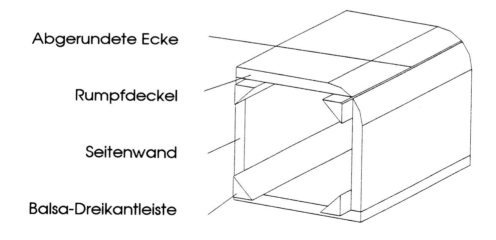

Abb. 5.2
Dieser Schnitt durch einen ganz einfachen Kastenrumpf zeigt, daß vier Balsabretter und vier Dreikantleisten schon zu einem Rumpf führen können. Abrunden der Ecken verschönert die Kastenoptik ein wenig

Wenn ein Modell für einen Hochstarthaken auf der Rumpfunterseite verstärkt ist, so gibt es mit diesem auch keine Probleme bei Landungen auf dem Rumpfboden, denn das ist eine der weiteren Belastungen, die so manchem Leichtbau zu schaffen machen. Wie man ansonsten Rümpfe für Landung auf dem Bauch verstärkt, wird gleich in Kapitel 5.4 noch ausführlich behandelt.

Soll gar ein Fahrwerk oder Einziehfahrwerk im Inneren des Rumpfs plaziert werden, so ist zu beachten, daß Belastungen durch eventuelle härtere Landungen punktuell in die Rumpfzelle eingeleitet werden, Angriffspunkt der Kräfte ist dann die Radachse, und die muß in einem entsprechenden Kontakt zur Rumpfkontur, sprich den Spanten stehen, um diese Kräfte einleiten zu können.

Soll sich das Modell nun auch noch öfter im F-Schlepp bewähren, so darf die Schleppkupplung keinesfalls aus dem statischen Verbund ausgeschlossen werden. In der Regel sitzt sie in der Nase, und da hilft alles nichts, wir müssen dort einen „Aufhängepunkt" berücksichtigen, der in festem Kontakt zur Rumpfzelle steht. Man soll nicht glauben, welche Belastungen hier auftreten können, so mancher Seilrupfer beim Schleppen hat da schon Unheilvolles bewirkt.

All diese Punkte sind Anforderungen an die Festigkeit des Rumpfs, die im Zusammenhang mit seinem Aufbau im Mittelpunkt dieses Kapitels stehen soll.

Wechseln wir zu Motormodellen, auch hier ist natürlich eine eventuell vorhandene Schleppkupplung in die Statik mit einzubeziehen, aber eigentlich stellen sich hier ganz andere Kräfte in den Vordergrund, vorab ebenfalls einmal in „Schwarzweiß" betrachtet. Bei einmotorigen Maschinen sitzt in der Nase ein

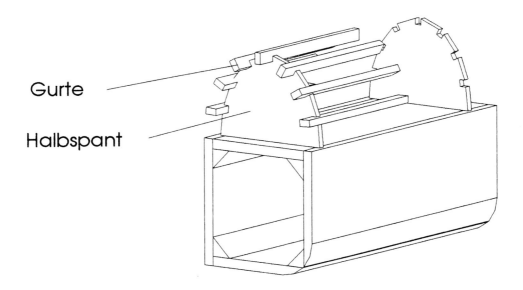

Abb. 5.3
Ein einfacher Rumpfrücken gibt dem Kasten eine gefälligere Optik, Halbspanten aus Balsa oder Sperrholz sowie einige Gurte sind notwendig

ziehender Motor, an der Rumpfstruktur aufgehängte Tragflächen und ein an der Unterseite befestigtes Fahrwerk, manchmal für kräftige Stöße sorgend. Viel „problematischer" an der Auslegung von Holzrümpfen ist aber die Tatsache, daß mit dem Verbrennungsmotor in der Nase eine Energiequelle vorhanden ist, die ständig für Vibrationen sorgt. Diese Kräfte muß die Zelle ebenfalls abfangen, schließlich soll sie sich nicht während des Flugs zerlegen. Freunde von Elektro-Motorflugmodellen kennen diese Sorge nicht, ihre Antriebe laufen im Vergleich zum Verbrennungsmotor seidenweich, sie dürfen ihre Rumpfstruktur wesentlich schwächer auslegen. Damit genug der Theorie, jetzt kommt die Praxis zu Wort.

5.1 Auf den Inhalt kommt es an

Wie kann es auch anders sein, auch bei den Rümpfen stehen einige Möglichkeiten parat, die gewünschte Form aufzubauen, aber zum Glück nicht mit so endlosen Kombinationsmöglichkeiten wie bei unseren Tragflächen aus Kapitel 4. An dieser Stelle daher die drei wichtigsten Bautechniken für verschiedene Anwendungsfälle.

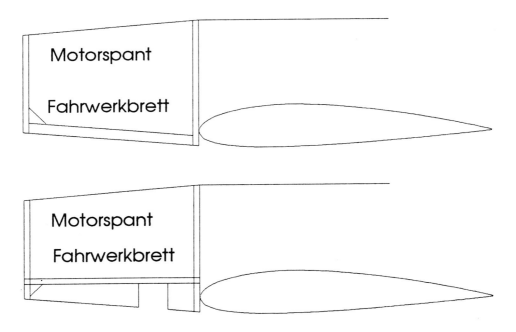

Abb. 5.4
So einfach ein Balsa-Kastenrumpf auch aufzubauen ist, es bedarf der besonderen Vorsicht bei Befestigung von Motor und Fahrwerk. Diese benötigen Sperrholzverstärkungen. Das verlängerte Fahrwerksbrett bildet mit dem Motorspant aus Sperrholz in beiden Fällen einen L-Träger. Kräfte, auch bei härteren Landungen, werden so großflächig in die Zelle eingeleitet

Abbildung 5.2 zeigt die einfachste aller Rumpfformen, einen Kastenrumpf. Er besteht aus geraden Seitenwänden, einem Boden und einem Deckel. Die ganze Sache wird nur mit Dreikantleisten verbunden und später an den Ecken rund geschliffen. Dieser Grundgedanke eines selbsttragenden Rumpfs ist mittlerweile in vielen Variationen weiterentwickelt, vor allem deswegen, da er in seiner Grundkonzeption nicht zu den optisch ansprechendsten gehört. Wer sich mit Baukastenmodellen beschäftigt, wird unweigerlich darauf stoßen, da dieser Rumpf häufig die einfachste Möglichkeit für einen Hersteller ist, preisgünstige Baukästen zu produzieren. Eine mögliche Variationsmöglichkeit zeigt *Abbildung 5.3*, obschon ein herkömmlicher Kastenrumpf, ist er auf Ober- und Unterseite durch Formteile, seien sie nun komplett aus Holz oder aus beplankten Styroporteilen, „verschönert". Das Äußere nimmt so ansprechendere Formen an, das Grundkonzept ist aber weiterhin ein Kasten. Da in diesem Stadium nur einmal grundsätzlich die Konstruktion verschiedener Rumpftypen im Vordergrund stehen soll, können wir den Kastenrumpf relativ schnell mit der Betrachtung von *Abbildung 5.4* abschließen. Sie zeigt die notwendigen Maßnahmen, um bei Eigenkonstruktionen aus einem einfachen Kastenrumpf ein alltagstaugliches Trainermodell zu machen. In der Rumpfschnauze soll dabei ein Verbrennungsmotor arbeiten, das Ganze ein Fahrwerk besitzen und die Fläche von oben auf dem Rumpf befestigt werden, sei es nun mit Gummibändern oder mit Nylonschrauben. *Abbildung 5.4* zeigt, worauf es ankommt, wir müssen den Kasten im Bereich des Fahrwerks mit einem Sperrholz verstärken. Aber nicht mit einem, das so breit wie das Fahrwerk selber, sondern größer ist. Daher bietet es sich an, es bis zum Motorspant zu verlängern. Dieser muß ja auch aus Sperrholz

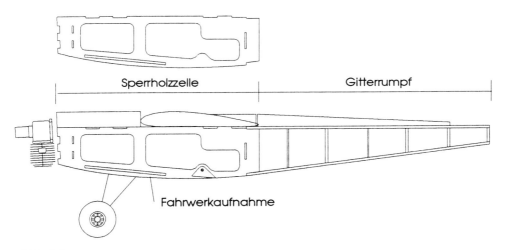

Abb. 5.5
Leichtbau bedeutet, festes Material nur dort zu verwenden, wo es auch unbedingt notwendig ist. Bei der Konstruktion eines Motorflugmodells können Belastungen von Tragflächenaufnahme, Motor- und Fahrwerksbefestigung in eine Sperrholzzelle eingeleitet werden. Der hintere Bereich des Rumpfs ist hier als leichte Gitterstruktur ausgebildet

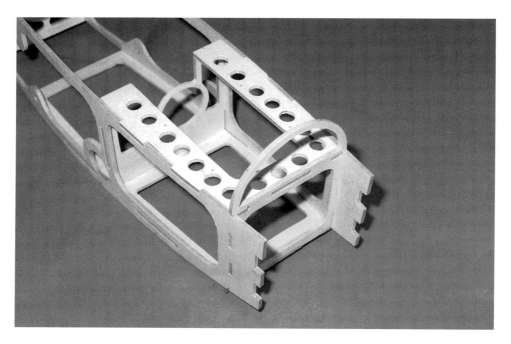

Abb. 5.6
Was sich in Abbildung 5.5 noch abstrakt zeigte, nimmt hier konkrete Formen an. Eine solche eckige Rumpfzelle ist in fast allen Motorflugmodellen problemlos unterzubringen, die voluminöse Rümpfe besitzen

sein, da das Triebwerk vorne einen festen Halt braucht. Jetzt sind in den Rumpf erst zwei Sperrholz-Teile eingebracht, und schon weist der Kasten die notwendige Stabilität für den Betrieb auf.

Kommen wir zu Rumpftyp II, nennen wir ihn einmal eine Weiterentwicklung des Kastenrumpfs, auch wenn es sich genaugenommen dabei um keinen handelt. Während ein Kastenrumpf auch bei einfachen Anfängerseglern zu finden ist, so gibt es den jetzt vorgestellten Typ II ausschließlich bei Motorflugmodellen. Er ist nämlich eine Kombination des Kastenrumpfs mit Leichtbauweise in Gitterstruktur, im Prinzip das Ergebnis des in 5.1 angeführten Gedankens, den Rumpf in stärker und schwächer belastete Segmente aufzuteilen. *Abbildung 5.5* zeigt die erste Stufe, eine einfach aufzubauende Sperrholzzelle, die später im Inneren der Rumpfkonstruktion integriert wird. Egal, welche Auslegung eines Motormodells vorliegt, die Zelle verbindet immer Motorspant, Fahrwerksaufnahme und Flächenbefestigung. Dies sind die drei am stärksten belasteten Teile im Rumpf eines Motormodells, der Rest dahinter fungiert wirklich nur noch als Leitwerksträger. Hier ist einiges an Gewicht zu sparen. *Abbildung 5.6* zeigt nun einen so aufgebauten Rumpf, die Sperrholzzelle im Inneren ist sogar durch zahlreiche Bohrungen gewichtserleichtert worden.

In der Praxis bedeutet dies nichts anderes, als vor Baubeginn eine Rohzeichnung anzufertigen und die Seitenansicht sowie die Rumpfquerschnitte an den

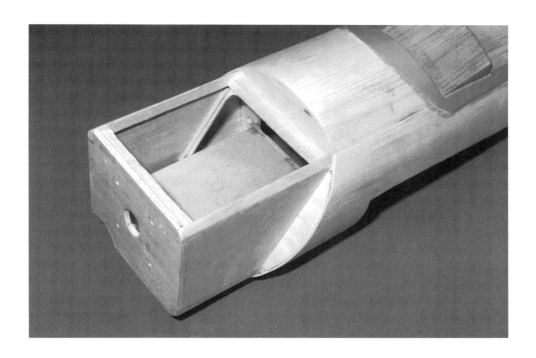

Abb. 5.7
Wer keinen Kastenrumpf anstrebt, sondern runde, ovale bzw. elliptische Formen, muß auf die Sperrholzzelle Halbspanten aufkleben und beplanken. Die Formgeber tragen natürlich auch zur Stabilität bei, dürfen aber sehr leicht ausfallen, da die Sperrholzzelle alle notwendigen Kräfte übernimmt

einzelnen Positionen zu berücksichtigen. Im Inneren der Rumpfform, sei sie nun eckig oder kreisförmig, ist ein rechtwinkliger Kasten aus Sperrholz unterzubringen. Dieser Kasten darf ruhig noch weitere statische Funktionen übernehmen, an ihm kann die RC-Anlage angebracht, der Tank befestigt oder der Akku gelagert werden. All das, was ein festes Widerlager braucht, wird daran befestigt. Wenn diese Sperrholzzelle fertig gezeichnet ist, den Rest des Rumpfs praktisch drumrum leicht aufbauen, im vorderen Bereich dürfen als Formgeber z.B. Halbspanten aus Balsa dienen *(Abbildung 5.7)*. Sie tragen natürlich weiter zur Stabilität bei, aber die Stoßkräfte von Fahrwerk und Motor müssen in die Zelle eingeleitet werden. Der hintere Rumpfbereich darf ebenfalls leicht ausfallen, sei es nun eine Gitterkonstruktion aus Balsa-Vierkantleisten oder irgendeine andere, sie ist nur fest mit dem Kasten an sich zu verbinden, damit es hier vor allem bei Landungen von Modellen mit Zweibein-Fahrwerken auf dem Sporn keinen Ärger gibt.

Abbildung 5.8 zeigt ein weiteres Detail einer solchen Sperrholzzelle. Diese übernimmt alle wichtigen statischen Aufgaben, der Motor wird später über einen Spant an den Seitenplatten ganz vorne befestigt. Die Tragfläche über die erkennbare Rohrsteckung und das Fahrwerk auf der Unterseite. Vor allem beim

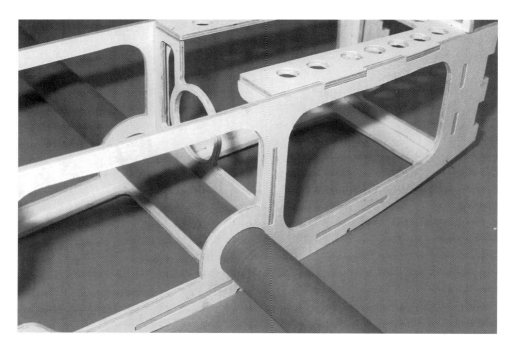

Abb. 5.8

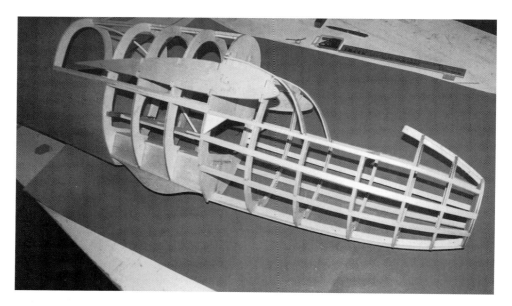

Abb. 5.9
Ovale Rumpfformen sind am besten aus symmetrischen Halbspanten aufzustellen. Hier dienen aber keine Seitenwände aus Vollmaterial zur Verbindung der einzelnen Spanten, sondern Gurte und eine anschließende Beplankung

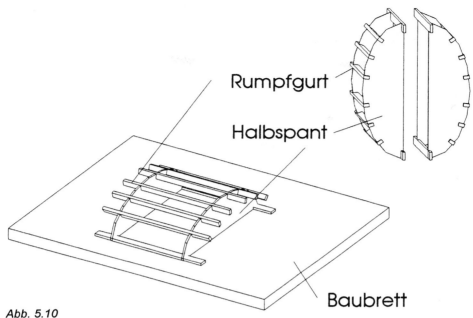

Abb. 5.10
Der Aufbau eines Rumpfs in zwei Halbspanten erfolgt liegend auf dem Baubrett, erst nach Rohbau sind sie zusammenzufügen

Bau von Großmodellen lassen sich so Rümpfe sehr leicht und schnell aufbauen, statisch ausreichend fest und im Gewicht so manchem GfK-Rumpf gar überlegen. Es sei aber auch ganz klar gesagt, daß diese Rümpfe nur für Motormodelle in Frage kommen, eine solche Sperrholzkasten-Konstruktion bei einem Segler einzusetzen, wäre Verschwendung, da das Gewicht noch mehr im Vordergrund steht und die Belastungen bei weitem nicht so hoch sind, wie bei einem Motorflugmodell.

Typ III unserer Rumpfmuster ist jener, der beim Bau von Segelflugmodellen häufig zum Einsatz kommt. Wir haben es hierbei mit ganz herkömmlichen Spanten zu tun, die in ihrer äußeren Form die spätere Rumpfkontur wiedergeben und durch Rumpfgurte miteinander verbunden sind. *Abbildung 5.9* zeigt einen solchen Aufbau, hier am Beispiel einer *Minimoa*. Diese Bauweise ermöglicht das Aufstellen sehr formtreuer, auch ovaler Rumpfformen mit akzeptablem Gewicht bei mehr als ausreichender Festigkeit. Die Sache ist natürlich aufwendiger, aber dieses Kriterium soll hier einmal nicht entscheidend sein. Der Aufbau solcher ovaler Rumpfformen ist aber nicht so ohne weiteres möglich, da das Ausrichten der Spanten zueinander sehr wichtig, andererseits aber nicht einfach ist. Es gibt daher nur zwei Möglichkeiten: Den Rumpf in zwei Halbschalen oder einteilig in einer Helling stehend aufbauen. Wer sich mit eckigen Rümpfen auseinandersetzen muß, wird auf eine stehende Bauweise in einer Helling zurückgreifen, Kapitel 7.1 verrät noch alles Wichtige dazu. Wer sich hingegen auf eine ovale

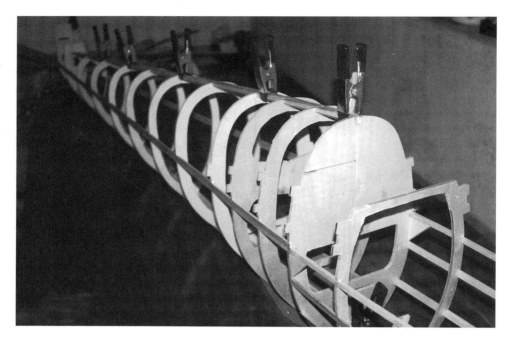

Abb. 5.11
So die beiden Halbschalen zusammenkleben, zahlreiche Zwingen sind notwendig

Rumpfform eingelassen hat, kommt um das Aufbauen in zwei Halbschalen nicht umhin, der Rumpf wird also vertikal in der Mitte getrennt *(Abbildung 5.10)*, jeder Spant in zwei Hälften geteilt und dann erst die eine Rumpfhälfte liegend auf dem Baubrett gebaut. Anschließend werden beide miteinander verklebt, Abbildung 5.11 zeigt das Zusammenfügen.

5.2 Spanten

Egal, welche Bauweise ansteht, die Formgeber des Rumpfs sind Spanten, die dazu dienen, die Rumpfseitenwände oder Rumpfgurte in korrekter Position zu halten und der Konstruktion zusätzlich Stabilität zu schenken. Als Material für Spanten kommt bei Leichtbauweise nur Balsa in Frage. Bei Auswahl des Materials greift man in der Regel auf Stärken größer als 4 mm zurück, darunter ist es in sich nicht steif genug, um die ihm zugedachte statische Aufgabe zu übernehmen. Spanten aus Vollbalsa *(Abbildung 5.12)* finden in der Regel bei kleineren Kastenrümpfen Anwendung, und hier gewährleisten sie auch einen relativ schnellen Aufbau. Wer aufs Gewicht achtet, kann die Spanten im Kern erleichtern, *Abbildung 5.13* zeigt zwei Beispiele. Das Anfertigen dieser Teile ist mit dem entsprechenden Werkzeug natürlich wesentlich einfacher, eine Band- und Deku-

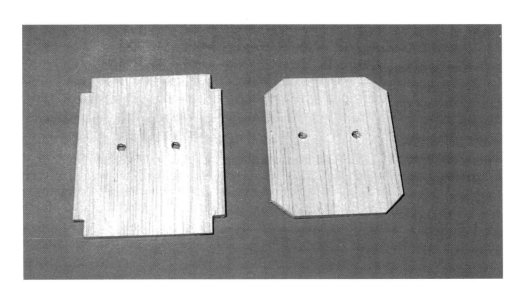

Abb. 5.12
Spanten können aus verschiedensten Materialien und in Formen aufgebaut sein, hier zeigen sich zwei Vollspanten aus Balsa. Der linke ist Teil eines Rumpfs, bei dem die Spanten untereinander mit Rumpfgurte verbunden werden, der rechte wird Teil eines Kastenrumpfs sein, die Ecken sind für Dreikant-Balsaleisten ausgenommen

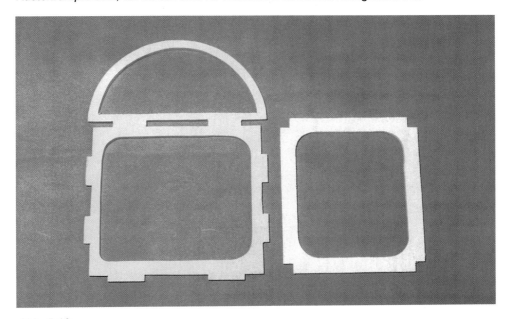

Abb. 5.13
Das Erleichtern von Vollspanten ist zu planen, da eventuelle Stege an richtiger Stelle zu plazieren sind. Sie können z.B. im hinteren Bereich des Rumpfs Bowdenzügen Halt bieten

piersäge sind hier Hilfen vom Feinsten. Wer sich auf den Bau von Rumpftyp II *Abbildung 5.8* einläßt, kommt um diese Maschinen ohnehin fast nicht herum, da das Herausarbeiten gerade der Seitenteile sehr aufwendig ist.

Bei Spanten für Rumpftyp III *(Abbildung 5.9)* ist noch zwischen eckigen Rumpfformen und ovalen zu unterscheiden, hier gibt es nämlich weitere Möglichkeiten, Gewicht zu sparen. Während für einen senkrecht auf der Helling stehenden Rumpf die Spanten ohnehin an einem Stück sind, können diese bei eckigen Formen auch aus Einzelteilen bestehen. *Abbildung 5.14* zeigt Beispiele. Die äußere Kontur des Spants dazu auf dünnes Sperrholz übertragen und darauf eine Konstruktion aus Kiefernleisten aufkleben. Die Verbindungspunkte der einzelnen Leisten gemäß *Abbildung 5.15* mit kleinen Balsa-Füllstücken auffüllen und die Sache dann an deren Oberseite plan schleifen. Zum Abschluß folgt erneutes Aufkleben eines 0,6er-Sperrholzes, dann liegt der Spant fertig vor. Gerade für Großmodelle mit sehr einfachen Rumpfkonturen sind so extrem leichte und steife Spanten herzustellen. Die auf *Abbildung 5.14* gezeigten stammen übrigens von einer *Penrose Pegasus* im Maßstab 1:2, ein Spant der Breite 300 mm und Höhe 450 mm wiegt gerade mal 80 g.

Was ist aber bei ovalen Rumpfformen? Selbstverständlich sind auch hier Spanten aus Einzelteilen herstellbar, ein Blick auf *Abbildung 5.16* macht das klar.

Abb. 5.14
Eine gewichtsparende Variante Spanten aufzubauen, ist bedauerlicherweise auch eine sehr arbeitsintensive. Mit Leisten und 0,8-mm-Sperrholz ist eine solche Bauweise nur bei eckigen Rumpfkonturen vom Zeitaufwand her zu vertreten. Bei ovalen Rumpfformen wären die Gurte zuvor noch in Nagelschablonen zu laminieren!

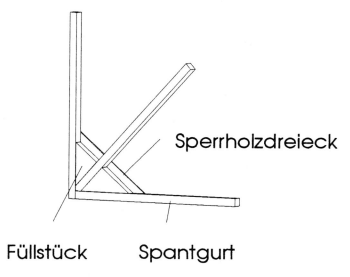

Abb. 5.15
Unter den Sperrholzdreiecken verbergen sich noch kleine Füllstücke aus Balsa, sie dienen der zusätzlichen Verstärkung der Knotenpunkte

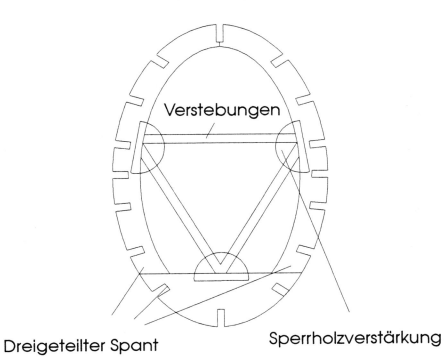

Abb. 5.16
Ovale Rumpfspanten sind komplizierter im Aufbau, hier eine dreiteilige Lösung

Jeder Spant ist in einer Nagelschablone zu erstellen. So vorbildlich sie auch sind, so irrsinnig zeitintensiv sind sie und nur etwas für Leute, bei denen es auf 50 Stunden mehr oder weniger beim Bau nicht ankommt. Alle anderen sollten auf Vollspanten zurückgreifen, gerade bei ovalen Rumpfformen, die in zwei Halbschalen herzustellen sind. Zum Aufbau der Spanten ist die Ausgangslage der Rumpfquerschnitt, aber eben in der Vertikalen geteilt. D.h., es liegen eine symmetrische linke und rechte Hälfte vor *(Abbildung 5.16)*. Da es unsinnig ist, beide Teile einzeln auszusägen, sollten sie in einem Stück angefertigt werden, so wie in Kapitel 2.2 beschrieben.

Diese Technik auch dann in Betracht ziehen, wenn keine Bandsäge in der eigenen Werkstatt steht. Ein Herausarbeiten ist auch mit einer Stich-oder mit der guten alten Laubsäge möglich und führt zu passablen, sprich symmetrischen Ergebnissen. Die zweite Spanthälfte fällt praktisch als Duplikat ab.

5.3 Seitenwände

Wenn wir uns nach *Abbildung 5.3* noch einmal den Aufbau eines Kastenrumpfs vor Augen führen, so müssen wir feststellen, daß mit Anfertigen der Spanten die Sache noch lange nicht zum Bauabschluß gebracht ist. Sowohl beim Rumpf Typ I als auch bei manchen vom Typ II gilt es, noch Seitenwände anzufertigen.

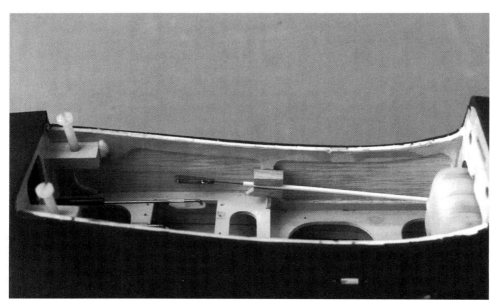

Abb. 5.17
Aufdoppeln von Seitenwänden mit Sperrholz ist bei einem Kastenrumpf immer dann notwendig, wenn erhöhte Anforderungen an die Statik anstehen. Das Verkleben von Balsa und Sperrholz erfolgt vor Aufstellen des Kastenrumpfs auf dem Baubrett

Die Mühe aller Arbeiten beginnt mit dem Aufzeichnen der Außenkontur des Bauteils auf einen Karton oder Blatt Papier, sollte es sich um Eigenkonstruktionen handeln. Wer auf einen Bauplan zurückgreift, wird die nötige Vorlage im Plan finden, selbstverständlich auch eine Angabe über die genaue Materialstärke. Grundtenor der Sache bleibt aber, daß wir die entsprechende Form herausarbeiten müssen und sie dann mit Spanten zu einem Rumpf zusammenfügen. So einfach, wie sich das liest, ist es eigentlich auch, achtet man beim Aufbau auf Symmetrie und Winkligkeit. Komplizierter gestaltet es sich bei Motormodellen, hier ist auch der Festigkeit Tribut zu zollen und Rumpfseitenwände sind ein idealer Träger dafür. Die Frage, wo beim Motorflugmodell die größten Kräfte auftreten, ist erneut ins Bewußtsein zu rufen, nämlich zwischen Flächenbefestigung, Fahrwerkaufnahme und Motorbefestigung. Sehr häufig werden daher bei einem einfachen Kastenrumpf beide Seitenwände in diesem Bereich mit Sperrholz aufgedoppelt. Das ist auch relativ einfach bei Eigenkonstruktionen zu verwirklichen, dazu wie folgt vorgehen:

Als erstes die Seitenwand in ihrer vollen Größe aus dem dafür vorgesehenen Material herstellen, in der Regel wird dies Balsa sein. Auf der Innenseite ein Sperrholz aufkleben, es erfüllt keine andere Aufgabe, als dem relativ weichen Balsa eine höhere Festigkeit zu geben. Aufkleben mit Weißleim oder Expoxidharz hat sich bewährt, Sekundenkleber hingegen nicht. *Abbildung 5.17* zeigt eine

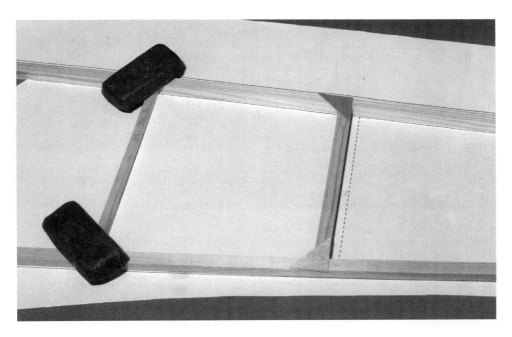

Abb. 5.18
Der Aufbau eines Gitterrumpfs aus Holz ist keine Schwierigkeit, beim Einbringen der vertikalen Verstrebungen aber sorgfältig arbeiten. Kleine Sperrholzdreiecke auf der späteren Innenseite bringen zusätzliche Stabilität in die Knotenpunkte

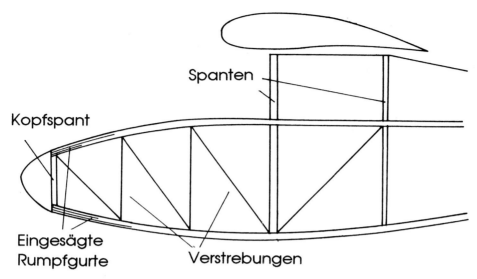

Abb. 5.19
Wenn Rumpfgurte in Richtung Nase stark zu formen sind, hilft nur stufenförmiges Einsägen und anschließendes Verleimen

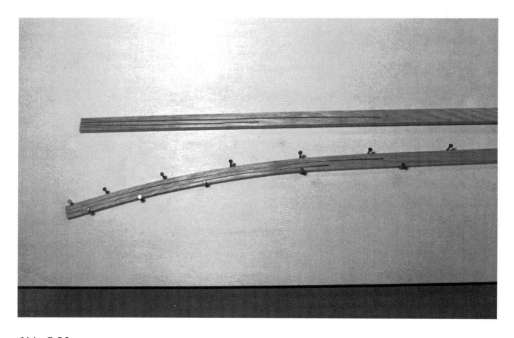

Abb. 5.20
Die sicherste Vorgehensweise nach Einsägen der Gurte ist immer noch das Verleimen in einer Nagelschablone, bevor sie in das Spantengerüst eingebracht werden

solche aufgedoppelte Seitenwand. Klar ist dabei, daß sich dadurch das Innenmaß der Spanten um die Aufdopplung verringert. Vorbildlich bei dem auf *Abbildung 5.17* zu sehenden Baukastenmodell ist auch die Tatsache, daß die Sperrholz-Aufdopplung in ihrem Gewicht noch einmal dadurch zu reduzieren ist, daß im Innenteil Material ausgespart wurde.

Da Seitenwände auch schon mal Dimensionen annehmen können, die nicht mehr mit herkömmlichen Balsabrettchen abzudecken sind, ist es notwendig, vor Aufdoppeln mit Sperrholz die notwendige Größe durch Schäften herzustellen, dazu ist Kapitel 2.4 zu Rate zu ziehen.

Bei all diesen Seitenwänden haben wir es mit Bauteilen „aus dem vollen" zu tun, von Haus aus lang genug, oder durch Schäften hergestellt. Nur bis zu einer gewissen Rumpflänge ist dieses Vorgehen aber sinnvoll, ab einer bestimmten Größe sollte man sich überlegen, Seitenwände als Gitter aus Leisten aufzubauen.

Abbildung 5.18 zeigt die einfache Ausgangslage zum Erstellen eines Gitterrumpfs, hier jedoch mit ausschließlich senkrechten Verstrebungen und stumpfen Leimstellen. Als Grundlage dafür sollte eine Zeichnung oder ein Plan vorliegen, natürlich im Maßstab 1:1 zum Modell. Darauf zunächst Ober- und Untergurt fixieren, am besten mit Gewichten. Erst dann die einzelnen senkrechten Verstrebun-

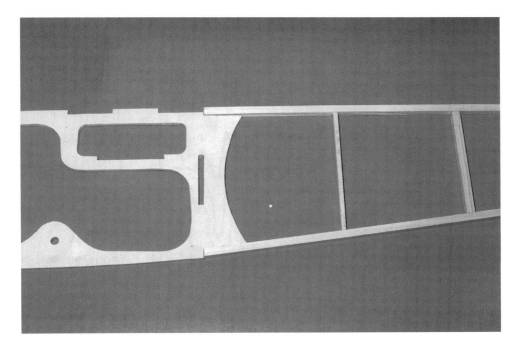

Abb. 5.21
Hier eine sinnvolle Kombination aus einer Sperrholzzelle im vorderen Bereich und ein Gitter aus Kiefernleisten im hinteren

gen einbringen, sie sind so genau abzulängen, daß sie Ober- und Unterteil weder aus der Position verschieben noch einen Spalt dazwischen lassen. Es ist ein wenig Fummelarbeit, aber am Ende liegt eine maßhaltige Seitenwand vor. Nach Aushärten der stumpfen Klebestellen sind diese noch zusätzlich zu verstärken, *Abbildung 5.18* zeigt Sperrholz-Dreiecke aus 0,6-mm-Material, und zwar auf der Innenseite aufgeklebt, dort, wo das zusätzliche Auftragen von Material nicht stört. Die Ecken verstärken das Gitter besser als alle anderen Maßnahmen wie z.B. Durchbohren und anschließendes Verzapfen mit Holzdübeln. Hinzu addiert sich auch noch sehr geringer Aufwand, da die zugegebenermaßen recht große Anzahl der notwendigen Verstärkungs-Dreiecke aus dem dünnen Sperrholz ohne weiteres mit einer Schere herauszuschneiden ist.

Nicht immer haben wir es aber mit so schönen, geraden Gitterrümpfen zu tun, im vorderen Bereich eines Rumpfs gibt es oft enge Radien in der Kontur, *Abbildung 5.19* zeigt ein solches Beispiel. Bei der Auswahl des Materials ist zu berücksichtigen, daß Ober- und Untergurt in den entsprechenden Radien spannungsfrei liegen können. Wenn die gewünschte Materialstärke dies nicht zuläßt, hilft nur eines, treppenförmiges Einsägen der Gurte und Verleimen in einer Nagelschablone auf die gewünschte Form nach *Abbildung 5.20*. Erst nach diesen Arbeiten kann mit dem Aufbau des Gitterrumpfs wie oben beschrieben weiterverfahren werden. Wer versucht, einen Gitterrumpf auf einem Bauplan durch Biegen der Leisten unter Spannung herzustellen, wird später immer Ärger haben. Es muß versucht werden, die Sache so spannungsfrei wie möglich aufzubauen, daher der Aufwand mit Einsägen der Gurte und Verklebung in einer Nagelschablone.

Wem dieser Aufwand zu groß ist, sollte sich einmal *Abbildung 5.21* ansehen, hier ist eine sehr sinnvolle Kombination zweier Bauweisen zu sehen. Im vorderen Bereich ist der Rumpf eine Sperrholzzelle nach Typ II, hinten ein Gitterrumpf. Die Sache läßt sich dann wie ein Kastenrumpf aufbauen, und von außen sieht keiner nach dem Beplanken die Arbeitsersparnis.

5.4 Rumpfrücken

Der Ausgangspunkt einer möglichen Rumpfkonstruktion war ja der einfache Kastenrumpf, und dieser weist in der Regel durch seine Winkligkeit nicht unbedingt die schönsten Formen auf. Abhilfe ist hier schnell zu schaffen, Formteile an den Seiten, am Boden und auf dem Deckel bringen eine gefällige Optik mit sich. Auf den Deckel des Kastenrumpfs sind z.B. senkrecht stehende Halbspanten aufzukleben, sie geben die spätere Form des Rumpfrückens wieder *(Abbildung 5.22)*. Da sie zwar zur Stabilität des Rumpfs beitragen, nicht aber Kernpunkt sind, können sie relativ leicht ausfallen. Wichtig ist hier erneut, daß die Spanten nicht einfach nur senkrecht aufgeklebt werden, sondern mindestens drei Gurte erhalten, um sich gegeneinander abstützen zu können. Nur so ist gewährleistet, daß das „Gerüst" nach Beplanken oder Bespannen seine Form behält. Beim Einlegen

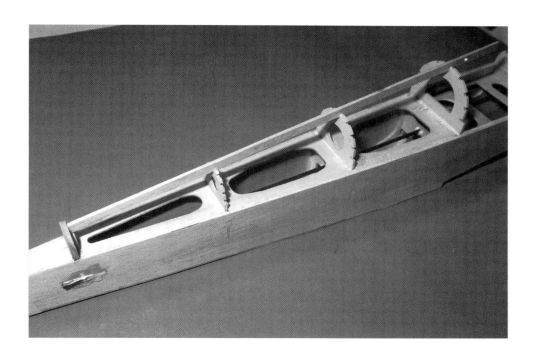

Abb. 5.22

Abb. 5.23
Um gegen Verzug gefeit zu sein, empfiehlt es sich, die Gurte beim Aufbau eines Rumpfrückens symmetrisch einzulegen, einen rechts und dann einen links, immer im Wechsel

Abb. 5.24
Ein Rumpfrücken muß nicht automatisch mit Balsa beplankt werden. Bildet später Folie die Oberfläche, sollten die Spanten nicht mit der Oberkante der Gurte bündig abschließen. Diese müssen dann zur Hälfte aus den Spanten herausragen. Unter der Bespannung sieht man daher nur noch Gurte

Abb. 5.25
Rumpfrücken sind nicht nur auf Halbspanten aufzubauen, sondern auch über einteilige Spanten, die vom Scheitel bis zur Sohle reichen. Neben den vier Hauptgurten wird beim Aufstellen des Rumpfs gleich der senkrecht stehende obere Gurt eingelegt

der Rumpfgurte außerdem darauf achten, daß die Teile sich nicht gegeneinander verziehen, drum mit dem obersten Gurt beginnen, ihn einlegen und die Verklebung aushärten lassen. Dann hat die Geschichte schon erstaunlich an Festigkeit gewonnen, die restlichen Bauteile können verklebt werden. Am besten im Wechsel verfahren, ein Rumpfgurt rechts und einer links und das Spiel geht nach *Abbildung 5.23* von vorne los.

Ähnlich mit anderen Verkleidungen eines einfachen Kastenrumpfs verfahren, zu denken wäre da an seitliche Anformungen.

5.5 Gurte

Rumpfgurten geht es so wie den meisten Bauteilen im Flugmodell, sie erfüllen nicht nur eine einzige Aufgabe, sie sind Multitalente. Bei manchen Konstruktionen sind sie gar tragende Teile, geben gleichzeitig die äußere Form vor und sorgen dafür, daß die Beplankung nicht einfällt. Sie sind also richtig zu nutzen. Rumpfgurte laufen immer längs der Flugrichtung, d.h., sie können in erster Linie Zugkräfte aufnehmen. Wer z.B. in der Nase eines Seglers eine Schleppkupplung

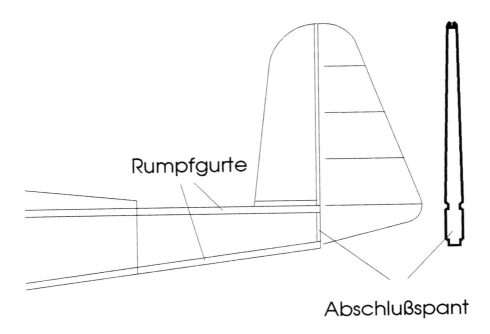

Abb. 5.26
Der letzte Spant an einem Modell hat mehrere Funktionen zu erfüllen, einmal verbindet er die auslaufenden Rumpfgurte, zum anderen ist er nach oben verlängert, um daran das Seitenruder anzuschlagen

unterzubringen hat, sollte dafür sorgen, daß diese in festem Kontakt mit zwei Rumpfgurten steht, da hier Zugkräfte in die Struktur und nicht in ein einziges Bauteil, womöglich noch in die Beplankung, einzuleiten sind. Gleiches gilt am Heck des Modells, Aufnahmen der Seitenruder- oder Höhenruder-Dämpfungsflächen müssen immer in einem statischen Verbund mit Rumpfgurten stehen. *Abbildung 5.26* zeigt dazu ein Beispiel. Wer diesen Umstand beherzigt, kann damit den Grundstock für sehr leichte Rümpfe legen. Bei Rumpfspanten darf also an Material gegeizt werden, durch Bohrungen oder Aussparungen das Gewicht reduzieren, wenn Rumpfgurte die Kräfte übernehmen. Im Regelfall auf Kieferngurte zurückgreifen, sie weisen eine höhere Festigkeit gegenüber Balsa auf, und deren Mehrgewicht ist dadurch wieder wettzumachen, daß ja nun die Spanten wesentlich leichter ausfallen. Diese erfüllen nämlich nur formgebende Funktion, und zum Schluß sorgt auch noch die Beplankung für Festigkeit. Selbst dann, wenn diese nur mit sehr dünnem Sperrholz ausgeführt ist oder der Rumpf nur eine Teilbeplankung erfährt, das ist unbedingt zu berücksichtigen.

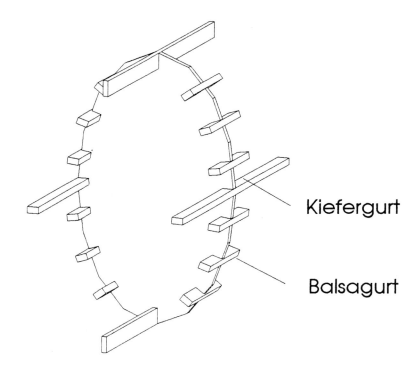

Abb. 5.27
Wer leicht bauen möchte, wird mit Materialauswahl und Stärke der Rumpfgurte variieren, hier eine mögliche Vorgehensweise. Vier zentrale Gurte aus Kiefer, alle anderen sind aus Balsa

Wer ganz eisern aufs Gewicht achtet, kann bei Rumpfgurten mit Stärken und Materialauswahl jonglieren, nicht alle müssen die gleichen Abmessungen aufweisen. *Abbildung 5.27* verdeutlicht eine mögliche Vorgehensweise, die vier „Zentral"-Gurte dürfen z.B. aus Kiefer bestehen, alle anderen aus Balsa. Die Stabilität ist gewährleistet, das Gewicht durch diese Taktik zu reduzieren.

Kommen wir nun zu einem ganz besonderen Rumpfgurt, bei Segelflugmodellen ohne Fahrwerk ist er gar Pflicht. Gemeint ist der Kielgurt, er läuft, wie der Name schon sagt, am Rumpfboden entlang. Er ist anders als unsere bisherigen Gurte ausgelegt, übernimmt er doch eine Fülle von Aufgaben. Zum einen ist er ein „normaler" Rumpfgurt, zum zweiten kann er als eine im Rumpf integrierte Landekufe angesehen werden. Vor allem bei Holzrümpfen, die kein Fahrwerk aufweisen, treffen oft Stöße beim Landen die Rumpfunterseite. Dies natürlich nicht auf der kompletten Rumpflänge, aber im Bereich zwischen Rumpfnase bis Höhe Tragflächenhinterkante, *Abbildung 5.28* skizziert die Position. Das Bauteil selber ist ein ganz normales Sperrholzbrett, und damit ist auch klar, wie das Teil am besten herzustellen ist. Ein Idealzustand wäre es, die Kielflosse aus der Seitenansicht des Rumpfs aufs Holz übertragen zu können und das Bauteil aus dem vollen herauszuarbeiten. Von unten eingepaßt, übernimmt es die Funktion eines

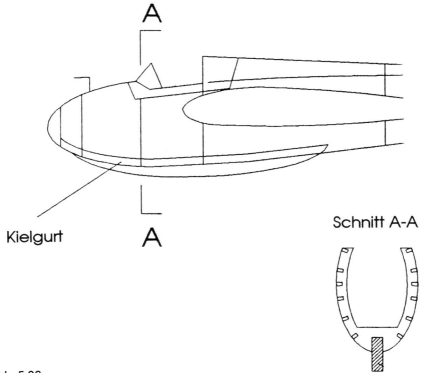

Abb. 5.28
Bei Segelflugmodellen ohne Fahrwerk muß der Rumpf Landestöße aufnehmen können. Am effektivsten geschieht dies durch einen kräftig dimensionierten Kielgurt. Ein einfacher Rumpfgurt wäre überfordert

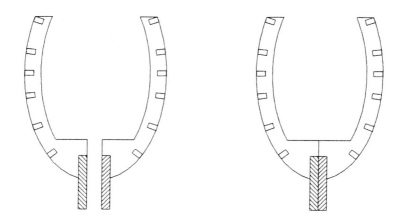

Abb. 5.29
Beim Aufbau des Rumpfs in zwei Halbschalen ist der Kielgurt zu teilen, jede Halbschale bekommt dabei die Hälfte der Materialstärke spendiert. Erst beim Zusammenfügen der beiden Halbschalen werden sie miteinander verklebt

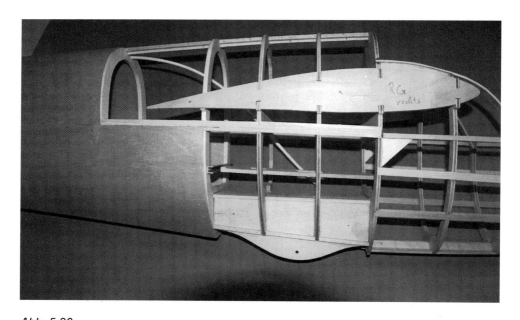

Abb. 5.30
Wollen wir ein Rad im Rumpf haben, so ist die Lagerung der Achse Angriffspunkt für sämtliche Kräfte, die bei Landungen in die Rumpfstruktur kommen. Die Achse daher so aufhängen, daß sich die Kräfte auf mehrere Spanten und Gurte verteilen. Hier geschah dies durch einen Sperrholzkasten, der das Rad gleichzeitig abschottet und aufgewirbelten „Dreck" nicht im Inneren des Rumpfs verteilt

T-Trägers und kann auftretende Stöße von der Unterseite her in die Rumpfkonstruktion einleiten.

Bei Aufbau eines Rumpfs in zwei Halbschalen ist dieses Bauteil ebenfalls ohne Probleme zu integrieren, es muß nur „geteilt" werden, in jeder Rumpfhälfte treffen wir es in halber Materialstärke an, *Abbildung 5.59* verdeutlicht den Einbau. Die Oberfläche entlang beider Hälften ist auch eine prächtige Hilfe zum Verleimen der beiden Hälften, bietet sie doch eine ausreichend große Fläche für Klebstoff.

5.6 Steckung

Ist die Steckung nun eigentlich Bestandteil der Tragfläche oder des Rumpfs? Die Antwort dieser Frage unterliegt der Kaffeesatzleserei, da es unterschiedliche Ansätze gibt, eine Steckung aufzubauen.

Fangen wir mit der an, die eigentlich die Zuordnung zum Kapitel Tragflächen notwendig gemacht hätte.

In diesem Fall betrachten wir beide Tragflächenhälften mit ihrer Steckung, als verbindendes Element dient z.B. ein GfK-Stab. Der Aufbau einer solchen Steckung ist einfach, in jeder Tragflächenhälfte befindet sich eine Führung für den Stab und im Rumpf auch noch eine, um ihn bei der Montage hindurchschieben zu können. Nun eine Betrachtung der Biegekräfte innerhalb der Tragfläche, sie treten nämlich während des Flugs entlang der Spannweite auf, sammeln sich im Holm und sind an der Wurzel der Tragfläche am stärksten. Das ist jene Stelle, an der die Steckung aus der Wurzelrippe herauskommt und damit der Drehpunkt für eine sich im Flug bewegende, besser gesagt, nachgebende Fläche. Beide Tragflächenhälften sind nun aber per Rundstab-Steckung starr miteinander verbunden, egal, ob da nun ein Rumpf dazwischenhängt oder nicht. Die Sache sieht mit Rumpf natürlich besser aus, aber zur Festigkeit der Steckung trägt er bei einer Rundstab-Steckung nicht viel bei.

Man sollte sich daher einmal klarmachen, daß der Rumpf, egal ob der eines Motor- oder Segelflugmodells, an der Steckung und damit an den Tragflächen aufgehängt ist und nicht andersherum! Statisch hat er bei dieser Steckungsart nichts Wesentliches beizutragen, eher sogar unter Verformungen des durchlaufenden Rundstabs zu leiden. Seine Aufgabe beschränkt sich auf das Tragen des Leitwerks und bei einem einmotorigen Motorflugmodell natürlich auch noch des Triebwerks. Wir müssen uns das mit dieser zugegebenermaßen etwas einfachen Betrachtung klarmachen, denn es ist und bleibt unsinnig, den Rumpf im Bereich einer Rundstab-Steckung irrsinn steif auszulegen. Der Rumpf ist an der Tragfläche aufgehängt, nicht andersherum. Es ist einiges an Gewicht zu sparen. *Abbildung 5.8* zeigte u.a. eine Rohr-Steckung, sie ist äußerst einfach in der Rumpfkonstruktion aufgehängt. Gleiches gilt natürlich für alle Steckungen dieser Art, seien sie nun mit einem Kohlefaserröhrchen, GfK-Stab oder anderem Grundmaterial ausgeführt.

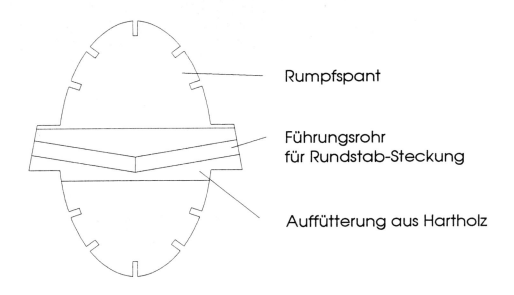

*Abb. 5.30.1
Bei Tragwerken mit großer V-Form ist eine Steckung über zwei Rundstäbe realisierbar, nur hat jeder seine eigene Tasche im Rumpf. Über einen Spant und eine Auffütterung sind Biegekräfte von einer Tragfläche in die andere einzuleiten*

Wenn wir vom letzten Extrem ausgehen, reicht es theoretisch, den Rumpf im Bereich der Steckung so auszulegen, daß eventuelle Stöße bei Landungen absorbiert werden können, denn die nach unten federnden Tragflächenhälften drücken kräftig auf die Führung im Rumpf.

So einfach wie diese Betrachtung hier jetzt formuliert ist, stimmt sie natürlich mal wieder nicht ganz, denn es wirken schon noch Kräfte auf das Führungsrohr, welches von einer Seite des Rumpfs zur anderen läuft, vor allem Kerbwirkungen am Übergang zwischen Fläche und Rumpf. Wir haben uns die Sache eigentlich auch nur aus dem Grund betrachtet, um möglichen Fehlern aus dem Weg zu gehen und den Unterschied zur nächsten Steckung zu verstehen, *Abbildung 5.30.1* zeigt die Aufhängung zweier Tragflächenhälften am Rumpf, hier aber jede für sich. Dem Rumpf stehen schwere Aufgaben ins Haus, da die Biegekräfte nicht mehr von einer Tragflächenhälfte in die andere via Steckung direkt übertragen werden, sondern von der linken in den Rumpf und vom Rumpf in die rechte. Diese Variante ist manchmal nicht zu umgehen, vor allem dann, wenn eine große V-Form vorliegt. Nach *Abbildung 5.30.1* hat jede Rundstab-Steckung einer Tragfläche ihre eigene Führung. Ein sicherer Flugbetrieb ist nur dann gewährleistet, wenn beide Führungen miteinander verbunden sind, ein fester Spant wird notwendig. An ihm sind beide mit Draht „festgenäht" oder im Sperrholz-Aufdoppler gelagert, einer auf der Vorder-, einer auf der Rückseite *(Abbildung 5.30.2)*. Im Gegensatz zu einer durchgehenden Rundstab-Steckung ist

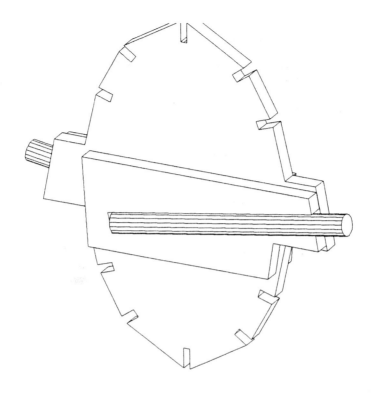

Abb. 5.30.2
Bei zwei „selbständigen" Rundsteckungen im Rumpf ist es besser, ein Führungsröhrchen vor und ein anderes hinter einem Spant zu befestigen. Natürlich ist bei dieser Vorgehensweise die Position der Steckung innerhalb der Tragfläche auch versetzt. Schlau wäre es, den Hauptholm so zu positionieren, daß bei einer Tragflächenhälfte die Rundsteckung auf der Holmvorder-, bei der anderen auf der Holmhinterseite zu liegen kommt

der Holzrumpf hier wesentlich fester und damit schwerer auszuführen. Nach Möglichkeit also immer auf die erste Variante zurückgreifen, eine „getrennte" Steckung bedeutet immer Mehraufwand.

Ein weiteres Beispiel einer Steckung bei großer V-Form zeigt sich an Hand einer *Minimoa*, 20 Grad V-Form sind es an der Wurzel, natürlich originalgetreu. Hier muß der Rumpf erneut sämtliche Biegekräfte von einer Tragflächenwurzel in die andere übertragen, es sei denn, es gelingt, die beiden Steckungssysteme der Tragflächenhälfte miteinander zu verbinden. *Abbildung 5.31* zeigt des Rätsels Lösung. Mit Hilfe der Beschläge sind die Anschlüsse beider Tragflächenhälften miteinander verbunden, der Rumpfspant seiner schweren Aufgabe befreit, Biegekräfte aufzunehmen. Er dient nunmehr wieder der Führung der Steckung.

Abb. 5.31

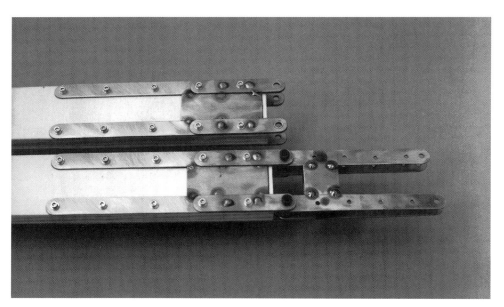

Abb. 5.32
Ein Detail der in 5.31 vorgestellten Steckung zeigt den Holm mit verklebten und verschraubten Beschlägen, bestehend aus 1,2-mm-Stahlblech. Im Bereich der Augen wird dieses aufgedoppelt. Darunter jener Beschlag, der am Spant im Rumpf befestigt wird

Engagierte Statiker und Ingenieure mögen diese Betrachtung nicht auf die Goldwaage legen, sie ist so ausgefallen, um ein Gespür für die Auslegung von Steckungen zu bekommen und um auf mögliche Fehler hinzuweisen.

Im Verlauf dieser Betrachtung haben wir jetzt zwei mögliche Steckungen kennengelernt, und wer auf die letzte der beiden Varianten neugierig geworden ist, muß noch Kapitel 4.3 hinzuziehen, denn die Kräfte sind nur dann sauber in einen Kastenholm einzuleiten, wenn dieser fachgerecht aufgebaut ist.

Daß Biegekräfte sauber in die Tragfläche eingeleitet werden müssen, gilt selbstverständlich auch für Rundstab-Steckungen, daher jetzt deren Aufbau in der Praxis. Zunächst eine im Holm integrierte Rundstab-Steckung, sie verschwindet praktisch im Inneren. Um die in Abbildung 5.33 erkennbare V-Form der Tragfläche an beiden Seiten gleich ausfallen zu lassen, ist es notwendig, einen Querschnitt des Holms auf Papier aufzuzeichnen, die Steckung dabei zu berück-

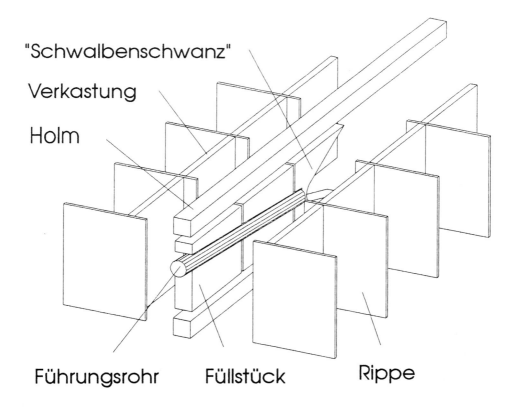

Abb. 5.33
Die Unterbringung einer Rundstab-Steckung im Holm bedarf einer vorherigen Skizze im Maßstab 1:1, um die Größe der Füllstücke zu ermitteln. Ideal ist es, die Steckung in der Mitte eines Rippenfelds auslaufen zu lassen und dieses ebenfalls aufzufüllen, aber mit „Schwalbenschwanz", so daß die Kräfte sauber in die Gurte eingeleitet werden

sichtigen und dann die notwendigen Füllstücke abzugreifen. Zum Aufbau die Tragfläche bis zu dem Baustadium fertigstellen, bei dem die Holme einseitig verkastet sind, die andere bleibt zumindest an der Wurzel noch offen. Von dort aus den korrekten Einbau der Steckung vornehmen. Als erstes die unteren Füllklötze einkleben, das Steckungsrohr von der Wurzel her einschieben und den oberen Bereich des Holminneren auffüttern. Die ganze Sache wird vorzugsweise mit Hartholzklötzen unter Verklebung mit Harz vorgenommen, nur so ist gewährleistet, daß die Angelegenheit wirklich stabil ausfällt. Der Auslauf der Steckung im hinteren Bereich ist natürlich nicht ganz unproblematisch, im Idealfall läßt man die Steckung in der Mitte eines Rippenfeldes ebenfalls nach *Abbildung 5.33* auslaufen und füllt besagtes Feld mit einem Hartholzklotz in Schwalbenschwanz-Form auf. Dies ist dann näherungsweise ein fließender Übergang zur Einleitung der Kräfte in den Holm.

Wesentlich einfacher ist hingegen ein Integrieren einer Rundsteckung in einen Kastenholm, baut man diesen nach Kapitel 4.3 mit einer Sperrholzzunge im Inneren auf. *Abbildung 5.34* zeigt das noch mal systematisch. Nach Beplankung des Kastenholms von beiden Seiten den Bereich für die Steckung im Inneren heraussägen. Das Steckungsrohr mit Harz und Gewebe gemäß Querschnitt in *Abbildung 5.35* verbinden.

Muß es denn immer unbedingt Harz und Metall sein, um eine Steckung auszuführen? Nein, es gibt noch eine Variante für Holz-Puristen, aber sie ist nur etwas für Großmodelle. Vorzugsweise ist eine solche Steckung nicht an der Tragflä-

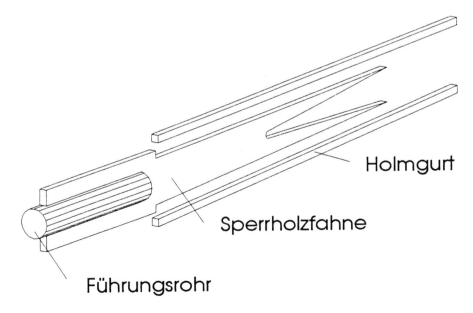

Abb. 5.34
Das Unterbringen einer Rundstab-Steckung in einen Kastenholm ist nur dann möglich, wenn das Innere im Bereich der Wurzel durch eine Sperrholzfahne aufgefüttert ist

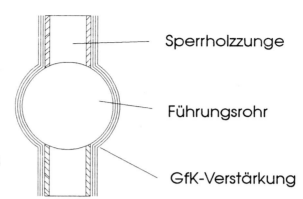

Abb. 5.35
Die in einem Kastenholm untergebrachte Rundstabsteckung ist natürlich sauber zu verharzen, nur so ist gewährleistet, daß die Kräfte großflächig eingeleitet werden

chenwurzel anzuwenden, da hier die Biegekräfte für die Technik mit einer Sperrholzzunge zu groß sind. Vielmehr wäre das etwas für den Fall, daß die Tragfläche entlang ihrer Spannweite ein weiteres Mal geteilt ist, sei es aus Gründen der Transportfreundlichkeit oder weil es das Original so vorschreibt. Viel einfacher kann es daher sein, die Biegekräfte direkt in den Holm einzuleiten. Aus diesem Grund gibt es nach Abbildung 5.36 die Möglichkeit, im Inneren des Holms eine Holzzunge unterzubringen. Diese ist auf beiden Seiten konisch auszuführen, um die Kräfte gleichmäßig einzuleiten. Hier ist sorgfältigstes Arbeiten notwendig, um ein späteres Klappern der Zunge in ihrer Tasche zu vermeiden.

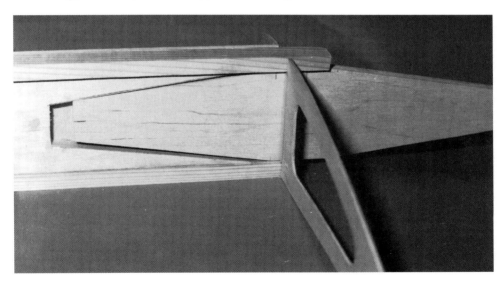

Abb. 5.36
Bei dreigeteilten Flächen ist es durchaus möglich, die Flächenteile über eine Sperrholzzunge miteinander zu verbinden. Im Inneren des Holms ist eine Tasche einzubringen, in die eine konisch zugeschnittene Verbindungszunge saugend paßt. Erst dann, wenn das der Fall ist, die andere Seite des Holms verkasten

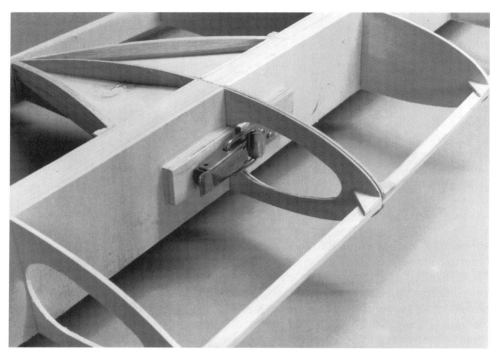

Abb. 5.37
Verbinden der beiden Tragflächenhälften kann auch bei anderen Steckungen mittels Kofferverschluß erfolgen, nur darauf achten, daß dieser auf einem Hilfsbrett montiert ist, verschrauben mit dem Holm ist nicht ratsam, da die dazu notwendigen Bohrungen diesen schwächen können

Genaues Kennzeichnen der zueinander gehörenden Teile ist Pflicht, da ein völlig identischer Aufbau bei Verwendung von Holz als Werkstoff fast nie zu erreichen ist. Die Tasche muß eine Form nach *Abbildung 5.36* besitzen und im Inneren des Holms untergebracht sein. Die Zungenaufnahme aber noch bei einseitig verkastetem Holm einbringen und einen eventuell vorhandenen Spalt zwischen Tasche und Zunge auffüttern. Wenn beide Tragflächenhälften auf diese Art und Weise „behandelt" sind, die andere Holmseite ebenfalls verkasten und noch Sorge dafür tragen, daß beide Hälften während des Flugs beieinander bleiben. Am einfachsten geschieht dies bei Großmodellen mit Kofferverschlüssen, eine ungewöhnliche Lösung, die sich aber bewährt hat. Dabei wiegen die Beschläge nicht mal allzuviel, und es gibt sie in vielen verschiedenen Größen im Baumarkt für wenig Geld. *Abbildung 5.37* zeigt den Einbau, wichtig ist, daß die Beschläge nicht direkt am Holm verschraubt werden, da dieser dann ja in seiner Festigkeit geschwächt wird. Im geschlossenen Zustand sollte ein Splint den Kofferverschluß gegen unvorhergesehenes Öffnen sichern.

Alle bisher vorgestellten Steckungen sind entweder was für Segel- oder Motorflugmodelle größerer Abmessungen, aber was ist, wenn das Modell kleiner ausfällt? Hier sollte man auf die gute alte Kombination zwischen Flächendübel

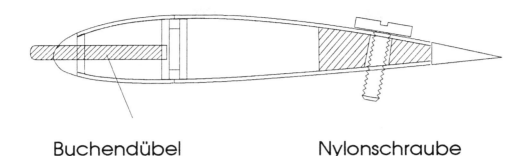

Buchendübel **Nylonschraube**

Abb. 5.38
Bei kleineren Modellen ist es nicht notwendig, großen Aufwand zu treiben, die einfachste Form der Befestigung einer Tragfläche am Rumpf ist und bleibt die Kombination aus Dübeln im Nasenbereich und Verschraubungen im Endleistenbereich

und Verschraubung zurückkommen, *Abbildung 5.38* zeigt eine solche. Der Aufbau ist dabei ganz einfach, in der Tragflächennase sind zwei Dübel über die Sperrholz-Verkastungen in das Tragflächenwerk zu integrieren, und in jenem Spant, der im Rumpf an die Nasenleiste stößt, zwei Bohrungen als Aufnahme zu setzen. Die Tragfläche ist somit im vorderen Bereich der Nase exakt fixiert. Im Endleistenbereich der einteiligen Tragfläche ist sie mit dem Rumpf zu verschrauben.

Natürlich gibt es auch eine Kombination einer gesteckten Tragfläche mit dieser Befestigungsart, dann aber mit zwei Nylonschrauben im Endleistenbereich, für jede Tragflächenhälfte eine, anwendbar sowohl bei Tief- als auch Hochdeckern. Wichtig beim Aufbau einer solchen Steckung ist natürlich das korrekte Setzen der Tragfläche, *Abbildung 5.39* zeigt die vorbereitenden Maßnahmen, unbedingt die beiden Dübel so im Inneren der Tragfläche lagern, einfaches Einkleben in eine Balsa-Nasenleiste reicht nicht! Durchbohren vom Inneren her ist ratsam, da nur so die Nasenleiste sauber zu durchstoßen ist. Das Einharzen der Dübel ist oberste Pflicht, und erst nach dem Aushärten dieser Verbindung wird die Tragfläche an den Rumpf angepaßt. Die Bohrungen sollten gemäß Plan oder Bau-Skizze bereits im Spant vorhanden sein, dann die Fläche zum erstenmal provisorisch anstecken, nach Einmessen gemäß *Abbildung 5.40* die vorhandenen Bohrungen für die Nylonschrauben in die als Gegenlager dienenden Hartholzklötze bohren. Natürlich mit einem Bohrer kleiner als die später verwendete Nylonschraube, da in die Hartholzklötze noch ein Gewinde einzuschneiden ist. *Abbildung 5.41* zeigt dieses Vorgehen. Nach *Abbildung 5.42* ist noch ein Gewinde einzuschneiden, fertig ist die Tragflächen-Befestigung.

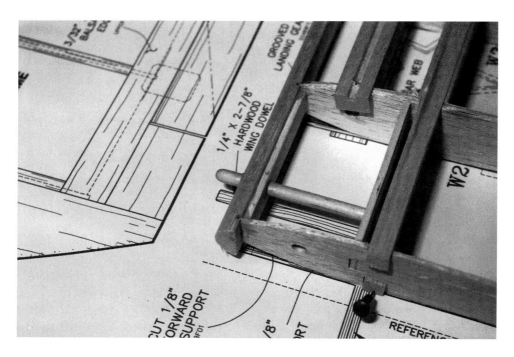

Abb. 5.39
Das Setzen des Dübels muß von Anfang an überlegt sein, da ein fester Verbund mit Verkastung und Hilfsnasenleiste vorhanden sein muß

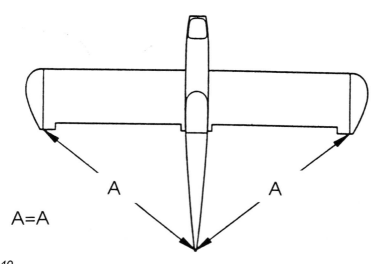

Abb. 5.40
Beim Einmessen der Tragfläche müssen beide Maße A gleich groß sein. Als Hilfsmittel verwenden wir eine Maurerschnur (nicht dehnfähig) und befestigen sie mit einem Streifen Tesa-Krepp am Rumpfende. Mit Hilfe einer kleinen Markierung vergleichen wir die beiden Strecken A

Abb. 5.41
Ist die Tragfläche erst einmal eingemessen, die Verschraubung im Endleistenbereich setzen. Dazu die bereits vorhandenen Löcher mittels Bohrer auf die darunterliegenden Hartholzklötze übertragen

Abb. 5.42
Nach Abnehmen der Fläche sehen wir nun, wo die Bohrungen in den Hartholzklötzen zu liegen kommen, darin nun Gewinde für die Nylonschrauben einschneiden. Wer will, kann das Holz in diesem Bereich mit dünnflüssigem Sekundenkleber noch einmal nachhärten, muß das Gewinde dann aber noch einmal nachschneiden

In diesem Kapitel war bis zum jetzigen Zeitpunkt immer nur von zweiteiligen Flächen die Rede, aber gerade bei kleineren Modellen in Holzbauweise finden sich zwei Tragflächenhälften, die zum Abschluß des Rohbaus fest miteinander zu verbinden sind. Diese Verbindung sei jetzt einmal näher betrachtet, Abbildung 5.43 zeigt den notwendigen Knick-Verstärker. So wie dieser sehen fast alle aus, ein gerades oder mit V-Form versehenes durchgehendes Sperrholzbrett. Der Verstärker ist für nichts anderes da, als die Biegekräfte von einer Tragflächenhälfte in die andere einzuleiten und ist daher natürlich auch im Bereich der Holme zu positionieren. Im Bereich der Endleiste ist nur dafür zu sorgen, daß sich die beiden Tragflächenhälften gegeneinander nicht verdrehen können. Ein kleiner Buchenholzdübel reicht aus, schließlich werden die beiden Wurzelrippen ja auf gesamter Fläche noch stumpf zusätzlich miteinander verklebt.

Diese Vorgehensweise verdeutlicht *Abbildung 5.44*, in einer Tragflächenhälfte ist der Knickverstärker bereits komplett eingeschoben, in die andere wird er gerade eingefädelt. Die beiden Wurzelrippen sind zusätzlich mit Harz eingestrichen, miteinander verpressen durch Wäscheklammern reicht vollkommen. In diesem Fall kam Harz als Verbindungsmittel zum Einsatz, da dieses bei hervorragender Festigkeit mit einem geringen Gewicht glänzen kann. Weißleim wäre die einzige Alternative, Sekundenkleber scheidet aus dem Grund aus, da damit Einschieben und Justieren nicht möglich ist.

Abb. 5.43
Nicht immer werden Tragflächen in einem Stück aufgebaut, im Gegenteil, sehr häufig sind zwei Tragflächenhälften auf einem geraden Baubrett aufzubauen und anschließend in korrekter V-Form miteinander zu verbinden. Ein Knickverstärker findet hier häufig Einsatz, am unteren Bildrand ist er zu erkennen

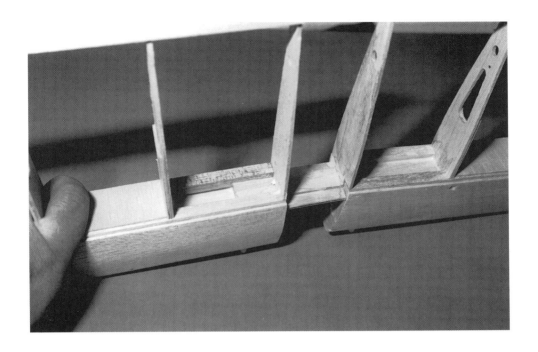

Abb. 5.44
Einkleben des Knickverstärkers erfolgt vorzugsweise mit eingedicktem Harz, da alle vorhandenen Kontaktflächen damit satt eingestrichen werden können, überschüssiges Harz leicht herausquillt und sich abstreichen läßt. Auch die beiden Wurzelrippen auf gesamter Fläche einstreichen!

5.7 Beplankung

Beim Beplanken von Rümpfen müssen wir erneut zwischen Rumpfformen unterscheiden, es verhält sich nämlich anders, ob eckige oder elliptische Rumpfquerschnitte zu beplanken sind. Egal, ob nun die erstgenannte mit Sperrholz oder Balsa bearbeitet wird, es gestaltet sich relativ problemlos. Die Platten sind mit dem notwendigen Maß zuzuschneiden und auf dem Rumpfgerüst unter Druck zu verkleben. Der Vorteil bei Verwendung von Sperrholz ist jener, daß die Oberfläche von Haus aus relativ fest ist, Balsa vor allem aber druckempfindlich und gegenüber den üblichen Macken während des Transports sehr empfänglich ist. Es empfiehlt sich daher, Balsa im Anschluß in irgendeiner Form zu behandeln, so daß es an Festigkeit gewinnt. Dies bedingt natürlich automatisch eine Farbgebung, und daher entscheiden wir uns für eine Balsabeplankung immer nur dann, wenn wir erstens Gewicht sparen müssen und zweitens die Sache hinterher sowieso noch mit einem Lackfinish versehen wollen. Nur so ist die empfind-

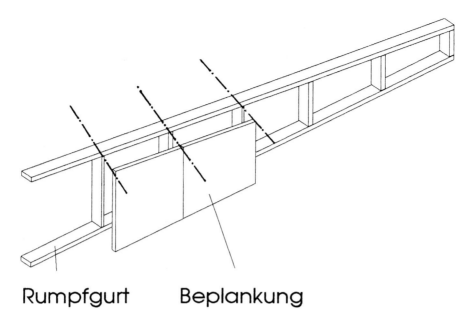

Abb. 5.45
Beim Beplanken eines Gitterrumpfs mit Sperrholz darauf achten, daß die Stöße auf Spanten oder vertikalen Verstrebungen liegen. Nur so ist Formtreue auf Dauer gewährleistet

liche Oberfläche noch in den Griff zu bekommen. Nachbauten, die im Original farblos mit Sperrholz beplankt waren, sind im Modell mit 0,4er- oder 0,6er-Sperrholz zu bearbeiten

Welches Material wir nun auch verwenden, es ist nur sehr selten der Fall, daß eine Rumpfseitenwand in einem Stück beplankt werden kann, es ist immer Platte an Platte anzusetzen. Es gibt dabei nur zwei Möglichkeiten, nämlich stumpf Stoß auf Stoß zu kleben oder sie nach der Kunst des Schäftens (Kapitel 2.4) miteinander zu verbinden. In beiden Fällen ist nach *Abbildung 5.45* unbedingt darauf zu achten, daß unter den Beplankungsstößen Rumpfspanten oder Verstrebungen liegen, nur so hält die Verbindung sicher. Wer sich auf Semi-Scale-Nachbauten spezialisieren möchte, muß also darauf achten, wo beim Original die Beplankungsstöße lagen, um an dieser Stelle Spanten oder Verstrebungen zu positionieren.

Bleiben wir noch einen Augenblick beim Balsa und betrachten kompliziertere Rumpfformen, so mancher Baukastenhersteller will nämlich dickes Balsa um sehr enge Radien biegen. Probleme sind hier vorprogrammiert. Wer will, kann natürlich versuchen, das Material zu wässern, zu dämpfen oder in irgendeiner Form so zu behandeln, daß es sich um einen engen Radius legen läßt. Selbst dann, wenn das gelingt, verbleiben Spannungen in der Beplankung, unter Temperatureinwirkung oder Luftfeuchtigkeitsänderung kann es durchaus zum Verzug der Rumpfkonstruktion kommen. Balsa ist also unbedingt spannungsfrei aufzubringen, und daher an dieser Stelle eine außergewöhnliche Vorgehensweise. Nach *Abbildung 5.46* ein notwendiges Teilstück der Beplankung an einer geraden Kante festkleben und diese Verbindung aushärten lassen. Anschließend das Balsa mit einem Messer stufenförmig einschneiden, so daß es sich praktisch um lauter kleine Leisten handelt, die aber an einem Ende noch fest miteinander verbunden sind.

Der Vorteil dieser Technik ist der, daß die Leisten in beliebigem Abstand eingeschnitten werden können und trotz Freihand-Schnitt sehr sauber zueinander passen, da sich jede Welle im Schnitt beim Nachbarteil wiederfindet. *Abbildung 5.47* macht dies klar. Wir kleben nun Leiste für Leiste am Spant fest, immer wieder mit Wäscheklammern oder Stecknadeln fixiert. Ist alles ausgehärtet, bleiben noch kleine Spalte zwischen den einzelnen Leisten, laut *Abbildung 5.48* ist das aber einfach in den Griff zu bekommen, mit Microballon eingedicktes Harz verschließt die Spalte. Dieser „Spachtel" läßt sich nach Aushärten wunderbar schleifen, am Ende liegt eine Rumpfform vor, deren Oberfläche sich nach *Abbildung 5.49* sehen lassen kann. Dabei hat diese Technik auch noch den Vorteil, daß es relativ schnell geht. Einzelne Leisten zuzuschneiden und durch konischen Zuschliff aneinander anzupassen, geht wesentlich länger.

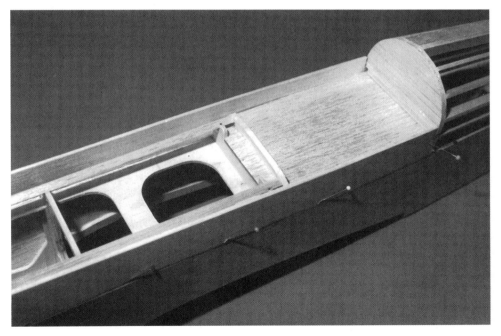

Abb. 5.46
Manchmal ist Biegen von Balsa um so enge Radien gefordert, daß es nicht in einem Stück herumzuziehen ist. Wenn selbst wässern nicht hilft, als ersten Schritt die Beplankung an einer geraden Kante verleimen

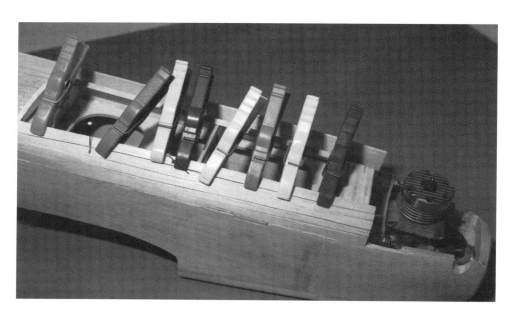

Abb. 5.47
Nachdem das Brettchen an der Seitenwand festgeklebt ist, können wir es mit einem Messer stufenförmig einschneiden und die noch zusammenhängenden „Leisten" Stück für Stück mit der Unterkonstruktion verkleben. Fixieren mit Wäscheklammern ist notwendig

Abb. 5.48
Eventuell noch vorhandene Spalte mit herkömmlichem Spachtel oder mittels microballoneingedicktem Harz auffüllen

Abb. 5.49
Anschließendes Verschleifen ergibt ein passables Ergebnis, anders wäre dieser extrem enge Radius bei 2-mm-Sperrholz nicht zu realisieren gewesen

Beim Beplanken von ovalen Rumpfformen mit Balsa bleibt einem diese Technik aber dennoch nicht erspart, nach *Abbildung 5.50* ist jede einzelne Leiste anzupassen, da sie sich zur Rumpfspitze hin verjüngt.

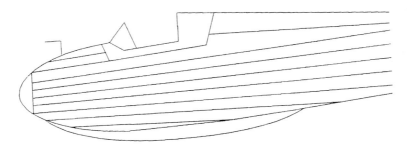

Abb. 5.50
Beim Beplanken einer kubischen Rumpfform mit einzelnen Leisten kommt man nicht umhin, Streifen für Streifen konisch zuzuschleifen und anzupassen. Es ist mühselig, da die Kanten der zuzuschneidenden Keile weder gerade sind noch sich konstant verjüngen. Modellbau pur

Diese Vorgehensweise ist in manchen Fällen durch nichts zu ersetzen. So arbeitsaufwendig sie auch sein mag, sie bringt die leichtetse aller möglichen Beplankungen hervor.

Bleiben wir bei ovalen Rumpfformen, denn wir müssen noch zwischen zwei Rumpfteilen unterscheiden. Der Rumpfbereich vor der Tragfläche stand gerade im Mittelpunkt, aber die dort herrschende kubische Form wechselt in der Regel auf Höhe der Tragfläche in eine konische Röhre. Dies bedeutet, Sperrholz ist nur in einer Ebene zu biegen, es ist also wieder mit Platten zu beplanken, es bedarf keiner Fummelarbeit mit Streifen mehr. *Abbildung 5.51* zeigt den halbbeplankten Rumpf einer *Minimoa*, man sieht, daß hier Stück für Stück problemlos anzusetzen ist, die stumpfen Verklebungen erfolgen immer über einen Spant. Aber auch hier gibt's im vorderen Rumpfbereich wieder kubische Formen, und wer genau hinsieht, stellt fest, daß es noch einen weiteren Weg gibt, kubische Formen im vorderen Rumpfbereich zu beplanken. Wie beim Original wurde der gleiche Kompromiß gewählt, statt die mühevolle Arbeit mit vielen Streifen auf sich zu nehmen, ist hier von Spant zu Spant mit einzelnen Platten gearbeitet worden. Damit dies geht, darf der Abstand zwischen diesen aber nicht zu groß sein, die Hälfte des Maßes gegenüber dem Spantabstand im hinteren Bereich ist gängig.

Abb. 5.50.1
Wenn der Rumpf nach dem Beplanken lackiert wird, darf natürlich zuvor reichlich geschliffen und gespachtelt werden. Um eine Beplankung in Streifen kommt man dennoch nicht herum

Abb. 5.51
Wie beim Original, ist auch beim Nachbau dieser Minimoa eine Streifenbeplankung im vorderen Bereich nicht erfolgt. Von Spant zu Spant wurde hier mit Platten gearbeitet, auch wenn eine vielflächige Kugel das Ergebnis ist. Im Bereich hinter der Fläche darf wieder mit größeren Platten beplankt werden, da hier keine Wölbung in zwei Ebenen vorliegt

Abbildung 5.52 zeigt das, was eigentlich ein dreidimensionales Vieleck ist, viele kleine Platten nähern sich der Kugelform an.

Die eigentliche Rumpfnase ist so natürlich nicht herzustellen, sondern aus Vollmaterial, sei es nun Balsa, Hartholz oder Sperrholz *(Abbildung 5.53)*. Wenn bei einigen Originalen dieses Teil aus dünnen Furnierstreifen über ein Holz-Positiv laminiert wurde, so ist uns dieser Aufwand im Modell zu groß, vor allem dann, wenn der Vollklotz ausgehöhlt werden kann, um darin Trimmblei unterzubringen *(Abbildung 5.54)*.

Im Falle einer *Minimoa* oder einem vergleichbaren Original ist die Vorgehensweise mit engen Spantabständen im vorderen Rumpfbereich zulässig, da es Original-Fotos verschiedener Muster gibt, auf denen das Annähern mit kleinen Beplankungsstücken an eine Kugelform genauso erfolgt ist. Die Oberfläche könnte so durchaus in holzfarbenem Finish belassen werden, nachträgliches Spachteln und Lackieren ist kein Zwang. Komplizierter wird es aber dann, wenn beim Original wirklich kubische Formen vorlagen, denken wir an die Rumpfnase eines *Rhönbussard* oder einer *Ka 6*. Dieses letzte, in größerer Serie gefertigte

Abb. 5.52

Abb. 5.53
Immer dann, wenn die Sperrholzbeplankung kein farbliches Finish mehr erhält, stellt sich die Frage, wie die Nase aus einem vollen Klotz gestaltet werden kann. Hier eine optisch sehr ansprechende Alternative, einzelne Platten aus Flugzeugsperrholz sind zu einem Klotz zusammengeklebt und stumpf mit dem ersten Spant verbunden. Das Schleifen dieses Materials ist natürlich mühselig, unter Klarlack sieht es aber äußerst ansprechend aus

Abb. 5.54
Egal, aus welchem Material die Rumpfnase gestaltet ist, wenn dort reichlich Blei notwendig wird, empfiehlt es sich, sie hohl zu gestalten und Blei darunter zu plazieren. Dies ist sowohl bei der Nase gemäß Abbildung 5.53 als auch bei dieser hier gezeigten aus GfK möglich. Bei dem Vorbild dieses Modells war sie übrigens aus Aluminium gedengelt. Daher fiel die Wahl auf GfK, über Styropor laminiert und anschließend mit Aluminiumspray optisch getrimmt. Ein Hilfsspant gibt dem Formteil Stabilität, verbirgt auf der Rückseite vier Einschlagmuttern und kann nun so von der Rumpffinnenseite her verschraubt werden

manntragende Segelflugzeug in Ganzholz-Bauweise besaß eine Oberfläche, die durchaus aus einer GfK-Form hätte stammen können, aber es war Holz, dünne Furnierstreifen kreuzweise über eine Form laminiert, anschließend verschliffen und lackiert. Eine solche Technik auf das Modell zu übertragen, wäre viel zu aufwendig, vor allem in Zeiten von GfK-Rümpfen. Wer aber dennoch bei Holz bleiben möchte, kommt nicht umhin, das Spantengerippe mit dünnen Balsa-Streifen zu beplanken, verschleifen, spachteln und hinterher mit einem Glasgewebe-Überzug zu versehen.

Fans von Motorflugzeugen werden sich gerade gewundert haben, warum hier soviel von Seglern die Rede ist. Das gleiche gilt natürlich für den Nachbau von motorisierten Vorbildern, auch wenn hier selten ovale Rumpfquerschnitte vorliegen. Motorflugzeuge aus der gleichen Epoche wie die angesprochenen Segler waren im Prinzip häßliche, eckige Kästen, die vielleicht noch einen halbrunden Rumpfrücken besaßen. Ohne Ausnahme waren das aber konische Röhren, und diese Formen bereiten kaum Schwierigkeiten beim Beplanken, sei es nun mit Sperr- oder Balsaholz.

Abb. 5.55
Diesen Kranich II bekam der Autor bei einem Flugtag vor das Objektiv, mustergültig die geschäftete Sperrholzbeplankung im vorderen Rumpfbereich. Der Übergang von der Wurzelrippe zum Rumpf ist ebenfalls aus dünnen Sperrholzstreifen aufgebaut, geschäftet kann man so „Sperrholz natur" überall realisieren

Abb. 5.56
Beim Beplanken mit Weißleim immer ein feuchtes Tuch bereithalten, überschüssiger Kleber ist sofort abzuwischen, da nach Aushärten die silikonartigen Kügelchen zerstörerische Wirkung haben können. Beim Verschleifen rollen diese nämlich zwischen Schleiflatte und Beplankung und drücken tiefe Kerben in die weiche Oberfläche

5.8 Streben

Sowohl beim Motor- als auch Segelflug stoßen wir häufig auf Vorbilder, die zwischen Rumpf und Tragflächen als verstärkendes Element Streben besaßen. Bei Segelflugzeugen sei einmal ein *Grunau Baby* als Beispiel herausgepickt, bei Motorflugzeugen eine *Piper*. Gerade bei Eigenkonstruktionen ist man häufig darauf angewiesen, Streben selbst herzustellen. Bevor aber der eigentliche Bau beginnen kann, ist unbedingt die Entscheidung zu fällen, ob die Streben wirklich statische Aufgaben übernehmen sollen oder nicht. *Abbildung 5.57* zeigt die beiden Beispiele anhand eines Segelflugmodells. Oben die erste Variante, hier besitzen die Streben im Prinzip nur optische Qualitäten, die Tragflächen sind

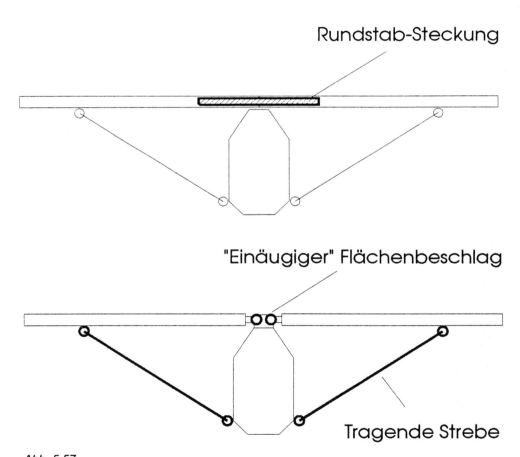

Abb. 5.57
Wenn Streben am Nachbau vorhanden sind, sollten diese auch als solche genutzt werden, beim Original waren sie nicht umsonst vorhanden. Oben zeigt sich eine gewichtbringende, selbsttragende Steckung in der Fläche. Im unteren Fall sind die Streben so stabil ausgeführt, daß sie statische Aufgaben übernehmen können. Die Verbindung zwischen Holm und Baldachin erfolgt über ein einzelnes Auge. Die Gewichtsbilanz fällt günstiger aus

miteinander über eine Rundstab-Steckung verbunden, die allen Anforderungen gewachsen ist. In diesem Fall kann das Modell auch ohne Streben fliegen, sie tragen zur Stabilität nicht allzuviel bei. Diese Vorgehensweise ist aber einmal zu überdenken, denn manchmal kann es unsinnig sein, auf kleinem Platz eine den Flugbelastungen gewachsene Steckung unterzubringen, wenn doch schon Streben vorhanden sind. Im unteren Teil der Zeichnung sowie auf *Abbildung 5.58* ist zu erkennen, was gemeint ist. Die Tragflächen sind am Baldachin nur in einem Auge eingehängt, die Streben somit Teil der Steckung. Die Vorgehensweise ist vor allem dann von Vorteil, wenn Gewicht gespart werden soll. Der Aufbau des Modells gestaltet sich dadurch nur unwesentlich aufwendiger, aber beim Bau der Streben ist jetzt darauf zu achten, daß sie auch ausreichend stabil sind.

All diese Dinge betreffen natürlich nur den inneren Aufbau. Zum ersten eine Strebe in *Abbildung 5.59*, die sowohl rein optischen Zwecken dient als auch leicht belastet werden darf. Im Inneren schlummert ein Kohlefaserrohr, in dessen Enden Gewindeeinsätze eingeklebt sind. An diese können wiederum Befestigungselemente, seien es nun Kugelköpfe, Gabelköpfe oder andere befestigt werden. Dies ist aber nur der Kern der Streben, später kommen wir zu einer strömungsförmigen Verkleidung.

Abbildung 5.60 zeigt hingegen den Aufbau einer Strebe, die auch hohe Belastungen aufnehmen kann, im Inneren findet sich eine durchgehende Gewindestange, an deren Enden die Beschläge nun direkt aufgeschraubt sind.

Abb. 5.58
Hier die praktische Umsetzung einer einäugigen Aufhängung der Tragfläche am Baldachin. V-förmig gebogene Stahldrähte übernehmen die Sicherung der Splinte im Flug

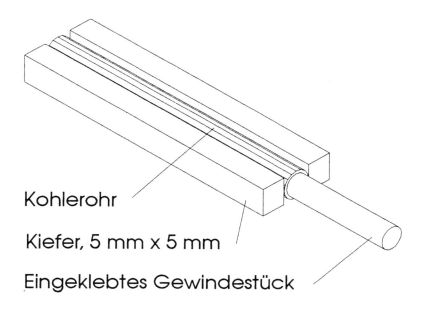

Kohlerohr

Kiefer, 5 mm x 5 mm

Eingeklebtes Gewindestück

Abb. 5.59
Der Aufbau von strömungsförmig verkleideten Streben ist einfach zu realisieren, ein Kohlefaserröhrchen im Inneren erfährt eine Verkleidung mit Holz. An den Enden sind kurze Gewindestücke einzukleben, daran können Beschläge wie Gabelköpfe oder andere aufgeschraubt werden

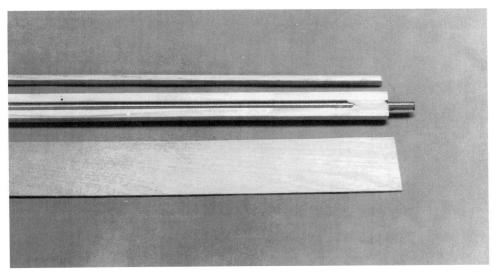

Abb. 5.60
Die einfachste Variante einer „tragenden" Strebe ist eine durchgehende Gewindestange, beidseitig mit Vierkantleisten verkleidet. Davor liegt bereits einer der Sperrholzstreifen, der die aerodynamische Verkleidung übernimmt

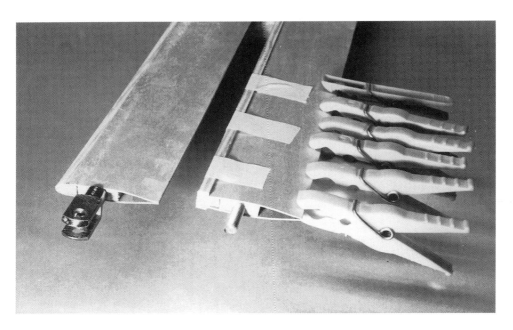

Abb. 5.61
Zwei Beplankungsstreifen aufkleben, mit Wäscheklammern im Endleistenbereich zusammendrücken und im vorderen mit einer Nasenleiste versehen. Anschließendes Verschleifen bringt eine Strebe hervor, wie sie links zu erkennen ist

Abb. 5.62
Die Befestigung von Streben am Rumpf kann auf vielfältige Art und Weise erfolgen, hier ein Beispiel eines Scale-Beschlags. Um den Knick herumgezogen, ist er an insgesamt vier Stellen mit einem Spant verschraubt

Abb. 5.63
Das andere Ende der Streben ist immer in festen Kontakt mit dem Holm zu bringen. Dieses Beispiel an einer Piper verdeutlicht, wie einfach Streben anzuschlagen sind. Hier besteht sie sogar aus massivem Holz, ohne Metall oder Kunststoff im Inneren

Auch dieser Aufbau ist noch aerodynamisch zu verkleiden, und die einfachste Methode besteht mit Sicherheit in der Verwendung von profiliertem Alu-Rohr. Einmal abgesehen davon, daß es nicht nur recht teuer, sondern auch nicht in allen Größen zu erhalten ist, gibt es eine Alternative aus Holz. Das Herzstück bildet entweder das Kohlefaserrohr oder die Gewindestange, an diese sind mittels 5-Minuten-Epoxi zwei Kiefernleisten zu kleben, in *Abbildung 5.61* ist der Aufbau klar zu erkennen. Sind beide Leisten verklebt, auf der oberen und unteren Seite zwei Sperrholzstreifen ankleben, sie geben später die Breite der Streben vor. Im letzten Arbeitsschritt das Ende der Streben mit Wäscheklammerkraft verleimen. Gleichzeitig noch eine „Nasenleiste" ankleben, diese anschließend strömungsgünstig verschleifen. Damit ist eine Strebe fertig, wobei hier natürlich viele Variationen möglich sind. Wer Gewicht sparen will, greift auf das Kohlefaserrohr zurück, nimmt Balsa statt der beschriebenen Kiefernleisten und wählt 0,4-mm-Sperrholz zur Beplankung. Andere hingegen können mit M5-Gewindestangen, 5 mm x 5 mm-Kiefernleisten und 0,6-mm-Sperrholz hochfeste Streben erstellen.

Die *Abbildungen 5.62 bis 5.64* zeigen verschiedene Möglichkeiten, Streben über Beschläge mit Fläche und Rumpf zu verbinden.

Abb. 5.64
Vergleichbar zu Abbildung 5.63 kann das Befestigen der Streben am Rumpf auch mittels zweier Beschläge erfolgen, auf jeder Seite des Spants einer. Miteinander verschraubt, bieten sie aber nur dann ausreichend Halt, wenn der Spant im Inneren mit Sperrholz aufgefüttert ist

6. Leitwerk

Einmal abgesehen von Nurflüglern und einigen wenigen Spezial-Konstruktionen benötigen alle Flugzeuge, egal, ob nun im Aufwind gleitend oder vom Motor gezogen, ein Leitwerk, bestehend aus Höhen- und Seitenleitwerk. In der Regel sind diese kreuzweise zueinander angeordnet, V- oder T-Leitwerke sieht man nur selten, wenn es darum geht, Originale aus der Sperrholz-Ära nachzubauen. Diese sind ein Kapitel des jüngeren Flugzeugbaus, sie hielten erst mit modernen Werkstoffen Einzug. Da sich Aufbau und Konstruktion eines T- oder V-Leitwerks im Modell nur wenig von herkömmlichen Kreuzleitwerken unterscheiden, sei an dieser Stelle der Unterschied auch nicht hervorgehoben. Es kommt in diesem Kapitel vielmehr darauf an, unterschiedliche Bauweisen und Anlenkungen kennenzulernen. Logisch, daß sich der Aufbau eines Höhen- von dem des Seitenruders nur wenig unterscheidet. Um dabei die elementaren Dinge nicht doppelt zu nennen, beginnen wir mit dem Aufbau eines Seitenleitwerks.

Abb. 6.1
Beim Aufbau des Seitenleitwerks müssen wir uns immer vor Augen führen, daß es aus zwei Teilen besteht, der feststehenden Dämpfungsfläche und der beweglichen Ruderklappe

6.1 Seitenleitwerk

Bevor nun mögliche Bauweisen eines Seitenleitwerks im Mittelpunkt stehen, sollte ein Blick auf *Abbildung 6.1* fallen, darin wird klar, daß dieses Steuerungselement um die Hochachse aus zwei Komponenten besteht, einer Dämpfungsfläche und dem eigentlichen Ruder. Genaugenommen gehört das zuerst genannte Teil eigentlich noch zum Rumpf. Die Aufgaben der Dämpfungsfläche sind zweigeteilt, einmal ist sie aus aerodynamischen und zum anderen aus Stabilitätsgründen vorhanden. Bei der ersten sorgt sie dafür, daß das Ruder sauber angeströmt wird, unsere beiden Teile sind ja nichts anderes als eine senkrecht stehende „Tragfläche", die dank „riesigem" Ruder in der Wölbung sehr stark zu verändern ist. Bei Ausschlag wird Auftrieb erzeugt, der das Modell um die Hochachse nach rechts oder links dreht. In der Neutralstellung soll ein Leitwerk natürlich möglichst wenig Widerstand erzeugen, daher die strömungsgünstige Form.

Zum zweiten ist eine Dämpfungsfläche dazu da, das Ruder überhaupt am Rumpf befestigen zu können, da es in der Regel wesentlich höher als der Rumpf an seinem Ende ist.

Aus diesen beiden Aufgaben heraus wird auch der Aufbau einer solchen Dämpfungsfläche klar, solange reiner Holzbau angesagt ist.

Da wir es ja mit einer kleinen „Tragfläche" zu tun haben, kommen als Formgeber gerne Profile zum Einsatz, aber nur solche, die im Volksmund als vollsymmetrisch bezeichnet werden. Aus dieser Gruppe haben sich jene mit der Bezeichnung NACA bestens bewährt, wobei die „Dicke" des Seitenruders natürlich ausschlaggebend für die Auswahl der Gesamt-Profildicke ist. Wer ein Ruder mit Dämpfungsfläche selbst konstruieren muß, betrachte *Abbildung 6.2*, hier sind

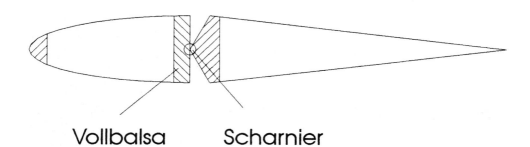

Abb. 6.2
Für Eigenkonstruktionen von Seitenleitwerksflächen in Holzbauweise hat sich eine Kombination aus einem symmetrischen Profil für die Dämpfungsfläche und einem gestreckten Keil für die Ruderfläche bestens bewährt. Das Durchziehen der Profilkontur bis hin zur Endleiste macht den Aufbau der Ruderklappe wesentlich komplizierter

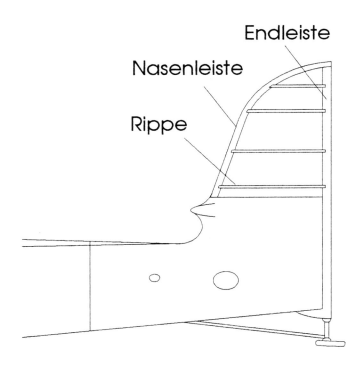

Abb. 6.3
Die eigentliche Dämpfungsfläche ist nichts anderes als eine kleine Tragfläche, bestehend aus Rippen, Endleiste und Nasenkonstruktion, hier eben nur stehend aufgestellt

Abb. 6.4
Zwei Bauweisen im direkten Vergleich: links ein Ruder in Rippen-, rechts eines in Brettchen-Bauweise

beide Teile in der Draufsicht gezeichnet. Der vordere Bereich ist der Ausschnitt eines Profils, der hintere Teil ein einfaches Dreieck, das Ruder. *Abbildung 6.3* zeigt darüber hinaus, wie einfach der Aufbau ist, orientieren darf man sich ruhig an Kapitel 4, es ging dabei um den konstruktiven Aufbau von Tragflächen. Wir dürfen die Abschlußleiste des Seitenruders mit der Endleiste einer Tragfläche vergleichen, die Dämpfungsflächen-Rippen mit Tragflächen-Rippen und der vordere Abschluß mit einer Nasenleiste.

Beschäftigen wir uns daher ausführlicher mit dem eigentlichen Ruder, wobei an dieser Stelle vier Bauweisen zur Auswahl stehen sollen. Als erstes zwei Versionen nach *Abbildung 6.4*, links ein Seitenruder in Rippen-, rechts eines in „Platten"-Bauweise. Der Unterschied ist gravierend. Aus *Abbildung 6.5* geht hervor, daß zum Aufbau des eigentlichen Ruders nach erstgenannter Methode so etwas Ähnliches wie ein Holm benötigt wird, an den Rippen stumpf oder auch verzapft anzukleben. An deren anderen Ende findet sich eine Konstruktion gleich einer Endleiste, und zwar in die Rippen eingesetzt. Diese Technik ist bei Verwendung von Balsa recht kompliziert, daher ist ein Weg zu finden, die Rippe in sich leichtzuhalten, aber deren Stabilität gleichzeitig zu erhöhen.

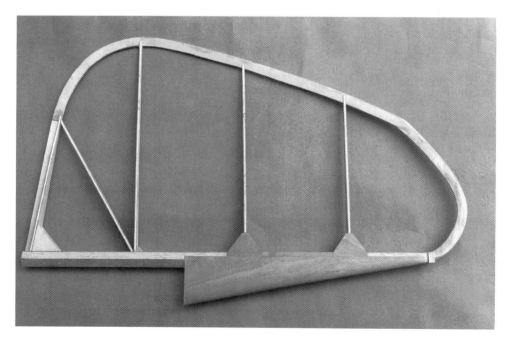

Abb 6.5
Der Aufbau filigraner Ruderklappen in Rippenbauweise ist nur mit Hilfe eines Holms möglich, er läuft vom Scheitel bis zur Sohle und bietet den einzelnen Rippen Halt

Eine Lösung dieses Problems ist ein Laminat, bestehend aus Balsa und 0,6er-Sperrholz. Den Balsakern dazu beidseitig mit dem dünnen Sperrholz bekleben, als Kontaktmittel hat sich dabei Harz bewährt, Weißleim wäre hier denkbar, bringt aber ein höheres Baugewicht des Laminats mit sich. Während des Abbindens die Teile unter Gewichten pressen, ansonsten kann für deren endgültige Festigkeit niemand garantieren.

Liegt dann der Balsa-Sperrholz-Verbund vor, die äußeren Konturen der Rippen aussägen und das Leitwerk zusammenbauen. *Abbildung 6.6* zeigt dabei eine mögliche Vorgehensweise, am Seitenruder-Holm sind die Rippen stumpf mit Hilfe einer Balsa-Dreikantleiste befestigt, Diagonalverstrebungen in den Ecken geben zusätzliche Torsionssteifigkeit. Auf der Unterseite sind bereits die späteren Aufleimer zu erkennen, sie geben der Verbindung Rippe/Holm weitere Festigkeit. Es ist klar, daß dies eine sehr aufwendige Variante, ein Ruder aufzubauen ist, aber ein gangbarer Kompromiß aus Gewicht und Arbeitsaufkommen.

Die Konstruktion ist und bleibt aber etwas filigran, daher eine zweite Variante, gerade bei Segel- und Motorflugmodellen kleineren Maßstabs eine sinnvolle Alternative. Ausgangspunkt ist jetzt nicht mehr ein Gerippe, sondern eine ebene Platte, sie besitzt die äußeren Abmessungen des späteren Ruders und wird nach *Abbildung 6.8* als Trägerbrett bezeichnet. Es darf aus Balsa bestehen, solches der Stärke 2 mm hat sich bewährt. Auf dieses nun Halbrippen aufkleben, sie „täuschen" später so unter der Bespannung eine herkömmliche Rippenkon-

Abb. 6.6
So sieht die Rippenbauweise im Detail aus, an den Holm werden Rippen stumpf angeklebt und der Knotenpunkt mittels Balsa-Dreikantleiste zusätzlich verstärkt. Die auf der Unterseite bereits vorhandenen Aufleimer verstärken die Sache nochmals. Wer kein Vollmaterial für Rippen und Holm nehmen möchte, kann durch Laminate aus Sperrholz und Balsa Gewicht sparen

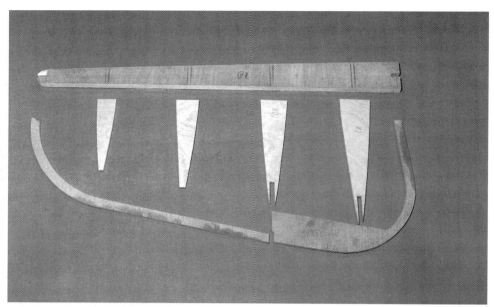

Abb. 6.7
Hier noch einmal die Einzelteile eines Seitenruders in Rippenbauweise, mit wenigen Teilen ist auszukommen

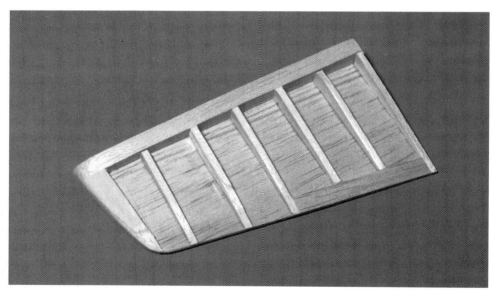

Abb. 6.8
Kernstück bei der Brettchenbauweise ist ein Balsabrett mit den Außenkonturen des Ruders, auf dessen Ober- und Unterseite Halbrippen aufgeklebt werden. Vollbalsa bildet den vorderen Abschluß, darin sind auch Scharnierfahnen einzukleben. Die Imitation einer Trimmklappe ist durch einen Streifen Balsa realisiert, dieser trägt später unter der Folie auf

Abb. 6.9
Bei diesem Leitwerk eines Spacewalker liegt eine Brettchenbauweise nicht nur beim Seitenruder vor. Durch kreisrunde Öffnungen ist zusätzlich Gewicht zu sparen, wenn die Sache auch nicht ganz vorbildgetreu aussieht

struktion vor. Im vorderen Bereich darf noch eine stumpfe Abschlußleiste Halt finden, im Endleistenbereich sind noch Imitate von Trimmklappen denkbar. Nach Verschleifen und Bespannen ist der Unterschied in der Draufsicht kaum mehr zu erkennen. Wer beim Finish mit herkömmlicher Gewebefolie arbeitet, wird im Vergleich mit einer „echten" Rippenkonstruktion keine Probleme damit haben, daß keine Durchsicht möglich ist. Gewebefolie läßt Licht sowieso nur schwach durchscheinen. Was also auf jeden Fall wegfällt, ist der nostalgische Anblick bei „transparentem" Folienfinish, z.B. mit Papier, wenn das Modell einmal in geringer Höhe direkt über den Platz fliegt, von oben von der Sonne angestrahlt. Nostalgiker dürfen auf diese Bauweise also nicht zurückgreifen.

Aussparungen im Brett können diesen Effekt auch nachträglich nicht herzaubern, da sie ausschließlich rund ausgeführt werden dürfen, um nach Abbildung 6.9 etwas Gewicht zu sparen, nicht aber eckig, da diese Form in den Ecken Sollbruchstellen mit sich bringt. Für Eigenkonstruktionen ist noch Abbildung 6.10 zu beachten, denn hier wird klar, wie aus einer Schnittzeichnung die beiden Halbrippen herzustellen sind. Im Inneren der Rippe fällt nämlich der Kern für das Trägerbrett weg, auf jeder Seite die halbe Materialstärke abziehen.

Vorteil dieser Bauweise ist ein sehr zügiges Aufstellen eines Ruders, vor allem benötigt man keine Helling, da es auf einem ebenen Baubrett erfolgen kann.

Ruderklappen müssen aber nicht immer Imitationen von Rippenbauweisen sein, es gibt auch vollbeplankte. In diesem Fall ist auf eine sehr einfache Bauweise zurückzugreifen, *Abbildung 6.11* hat sie zum Inhalt. Hier liegen keine tragenden Elemente wie Holme oder Rippen vor, sondern der Aufbau erfolgt direkt auf der Beplankung. Voraussetzung für diese Technik ist natürlich, daß ein Ruder in der Draufsicht ein strikter Keil ist. Wenn ein solcher vorliegt, die Beplankung gemäß Umriß auf ein ebenes Baubrett heften, die Rippen als Keile zuschneiden, festkleben und zum Schluß die andere Seite beplanken. Im Nasenbereich nun noch ein Balsabrett stumpf vorkleben, es dient aber nicht nur der Stabilitätserhöhung, sondern später vor allem zur Aufnahme der Scharniere. Mit dieser einfachen Bauweise sind Ruderklappen nicht nur schnell aufzubauen, sondern auch sehr leicht. Ein Vorteil ist außerdem darin zu sehen, daß durch Erhöhung der Anzahl an Rippen das Ruder stabiler oder leichter ausfallen kann.

Zu guter Letzt noch eine vierte Methode, anzuwenden bei kleineren Modellen oder von Modellbauern, bei denen es auf jede Minute beim Bau ankommt. Gemeint ist das Erstellen sowohl der Dämpfungsfläche als auch des Ruders in Vollbalsa-Bauweise nach *Abbildung 6.12*. In diesem Fall ist das Leitwerk nichts anderes als ein ebenes Balsabrett, an der Nasenkante halbrundförmig zugeschliffen. Mit dieser Methode sind Leitwerke bis zu Stärken von ca. 8 mm aufzubauen, mit Erleichterungsbohrung ist das Gewicht der einzelnen Bauteile ohne großen Aufwand auch gering zu halten. Elementar wichtig ist ein Absperren der Teile, da sich Balsa bekannterweise unter Feuchtigkeit quer zur Maserung wellen kann. Aus Abbildung 6.13 geht hervor, was darunter zu verstehen ist, die Enden des Bauteils sind abgetrennt und mit einem Stück querliegender Maserung wieder verklebt. So ist gewährleistet, daß ein Ruder unter verschiedenen äußeren Bedingungen (Temperatur, Luftfeuchtigkeit usw.) gerade bleibt und die Neutrallage auf Dauer eine solche bleibt.

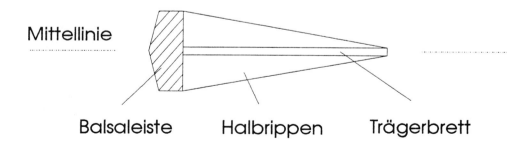

Abb. 6.10
In dieser Schnittzeichnung erkennen wir, daß die Halbrippen unter Berücksichtigung des Trägerbretts herauszuarbeiten sind. Den vorderen Abschluß bildet eine massive Balsaholzleiste

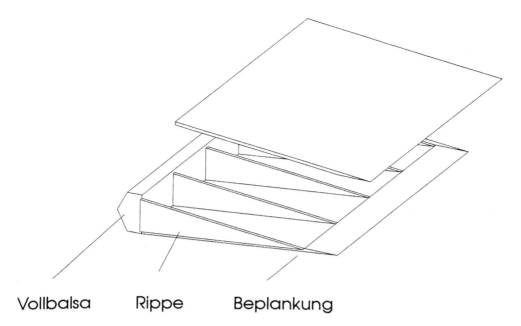

Vollbalsa   Rippe   Beplankung

Abb. 6.11
Bei vollbeplankten Rudern von außen nach innen bauen, als erstes die Beplankung in ihrer Kontur zurechtschneiden und auf ihr die keilförmigen Rippen aufkleben. Anschließendes Aufbringen der zweiten Beplankung macht das Bauteil als solches schon rohbaufertig, auch hier noch eine Abschlußleiste aus Vollbalsa stumpf vorkleben

Abb. 6.12
Die einfachste Variante eines Leitwerks ist und bleibt ein ebenes Brett, hier sparen wir uns Halbrippen, Rippen oder sonstige aufwendige Konstruktionen. Dafür dient aber nur eine ebene Platte zur Führung der umströmenden Luft, der „Wirkungsgrad" solcher Leitwerke ist schlechter als jener mit Profilform

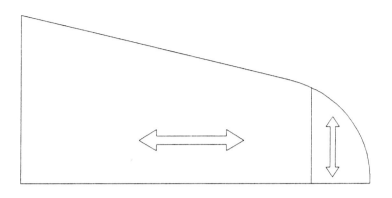

⟵⟶ Laufrichtung der Maserung

Abb. 6.13
Bei Ruderflächen oder Dämpfungsflächen aus Vollbalsa ist Absperren notwendig, die nun rechtwinklig zueinander liegende Maserung der beiden Teile verhindert Verzüge

Natürlich gibt es noch weitere Varianten zum Aufbau des Ruders, wer will, darf seine Rippen für das Seitenruder gar in Stäbchenbauweise aufstellen, aber Vorsicht, der Aufwand ist immens, da es keine zwei gleichen Rippen gibt.

Was nun noch bleibt, ist die Lagerung des Seitenruders an der Dämpfungsfläche, auch hier stehen natürlich wieder verschiedene Möglichkeiten zur Ver-

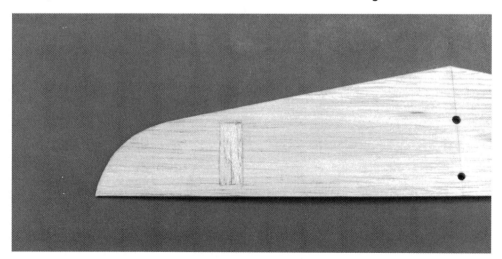

Abb. 6.13.1
Ein Absperren muß nicht immer am Randbogen, sondern kann auch „mittendrin" erfolgen. Der gewünschte Effekt bleibt der gleiche, zwei kreuzweise verlaufende Maserungen machen das Bauteil drehsteifer

Abb. 6.14
Je nach Lagerung des Seitenruders ist auch der vordere Abschluß zu gestalten. Hier eine Keilform für ein Anschlagen mit Scharnieren. Eine sichtbare V-Kehle zwischen Dämpfungsfläche und Ruder bleibt zwar, ist aber in vielen Fällen als Kompromiß tragbar

fügung. Die einfachste zeigt Abbildung 6.14, die Nase des Seitenruders ist keilförmig zugeschliffen, in ihr Scharniere gelagert, und diese wiederum in der Dämpfungsfläche befestigt. Diese Variante hat sich auch bei Motorflugmodellen bestens bewährt und ist zudem ein optischer Kompromiß, mit dem man bis zu einer gewissen Modellgröße leben kann. Ein Blick auf Vorbilder zeigt jedoch meist eine Lagerung in einer Hohlkehle, diese hat nämlich den Vorteil, daß sie einen optimalen Übergang der Strömung zwischen Dämpfungsfläche und Seitenruder erlaubt. Abbildung 6.15 dokumentiert den prinzipiellen Aufbau, und wie man ihn im Modell relativ problemlos bewerkstelligen kann. Unsere Seitenruder-Dämpfungsfläche wird ja beplankt, egal, ob nun mit Balsa oder Sperrholz. Die Beplankung wird über die Rumpf-Abschlußleiste weitergezogen, so daß sich ein Raum bildet, in dem eine Hohlkehle unterzubringen ist. Am Ruder selber findet sich ein Aufbau aus mehreren Schichten Balsa, in dessen Mitte ein PVC-Bowdenzugröhrchen gelagert ist. Darin läuft wiederum ein Stahldraht, der in GfK-Scharnieren gelagert ist. Diese finden an der Dämpfungsfläche Halt.

Schauen wir uns den Aufbau einmal näher an, Ausgangslage ist und bleibt eine gerade Abschlußkante des Ruders, egal in welcher der beiden oben beschriebenen Bauweisen erstellt. Dann gemäß Abbildung 6.16 einen Aufbau aus mehreren Schichten Balsa erstellen, in dem ein Bowdenzugröhrchen mit 2 mm Innendurchmesser Halt findet. Die Schnittzeichnung gibt genügend Aufschluß darüber. Am Ende wird alles rund verschliffen, erst dann die Schlitze zur Aufnahme der GfK-Scharniere einsägen. Egal, um welches Vorbild es sich handelt, es sind mindestens drei solcher GfK-Scharniere pro Ruder vorzusehen, nur so ist sichere Funktion gewährleistet. Das Lagern in zwei GfK-Scharnieren ist

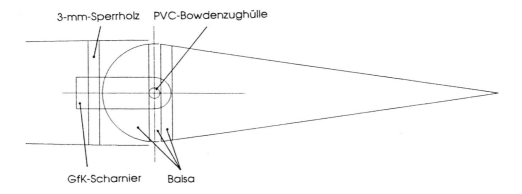

Abb. 6.15

sinnlos. Sollte wirklich einmal eines brechen, so ist das Ruder als solches funktionsunfähig, wird voraussichtlich in eine seltsame Stellung schnellen und das Modell unsteuerbar machen. Daher immer minimal drei Scharnierblättchen vorsehen. Die Form der GfK-Scharniere ist übrigens auch aus *Abbildung 6.17* zu entnehmen, mittlerweile gibt es sie als Fertigteile im Fachhandel, nachfragen lohnt sich.

Damit der Aufbau noch einmal ganz klar wird, *Abbildung 6.18*. Hier ist die Dämpfungsflächen-Abschlußleiste schon einmal provisorisch mit Scharnierfahnen und Seitenruder verbunden. Es empfiehlt sich sowieso, zum Ankleben der

Abb. 6.16

Schnitt B-B

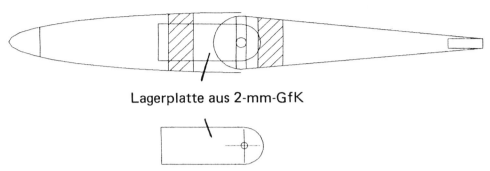

Abb. 6.17

Scharniere an der Abschlußleiste das Ruder provisorisch mit Tesa-Krepp zu befestigen, ein Distanzhalter zwischen Ruder und Abschlußleiste gewährleistet einen gleichen Abstand und später sauberes Laufen des Ruders. Damit ist die Sache im Prinzip auch schon fertig, wir können nun die Rumpf-Abschlußleiste mit dem Rumpf verbinden und die ganze Sache beplanken.

Eine dritte Variante, ein Seitenruder an seiner Dämpfungsfläche zu befestigen, zeigt *Abbildung 6.19*, es handelt sich dabei um einen „Mix" aus beiden Techniken, das Ruder ist an Stiftscharnieren aufgehängt. Der Vorteil dieser Methode liegt in einem geringeren Gewicht, da der in einem Balsavorbau eingebettete

Abb. 6.18

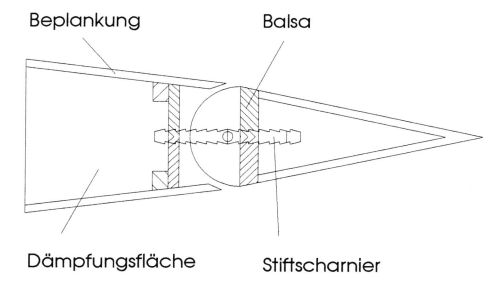

Abb. 6.19
In Kapitel 4.6 haben wir bereits die Lagerung von Ruderklappen in einer Hohlkehle über Scharniere kennengelernt, auch beim Leitwerk dürfen wir uns dieser Technik bedienen

Stahldraht samt Bowdenzughülle wegfällt. Darüber hinaus kann sehr leichtes Balsa für die halbrund verschliffene Anformung benutzt werden – eine überaus sinnvolle Alternative. Damit das Ruder aber überhaupt gängig wird, an Position der Scharniere das Balsa einsägen, so wie bei der „echten" Hohlkehle!

6.2 Höhenleitwerk

Nüchtern betrachtet, ist ein Höhenleitwerk ein waagerecht angeordnetes Seitenleitwerk. Ohne Ausnahme sind die äußeren Konturen aber andere, die Geometrie meist symmetrisch, d.h., die rechte und linke Höhenruderhälfte identisch. Die Aufgaben des Höhenruders sind ebenfalls vergleichbar, in der Neutrallage sollte es möglichst wenig Widerstand, bei Auslenkung ohne große Verluste Auf- oder Abtrieb erzeugen. Wir haben es also erneut mit einer kleinen Tragfläche zu tun. All das, was wir in Kapitel 6.1 über den Aufbau des Seitenleitwerks gelernt haben, können wir uneingeschränkt auf unser Höhenruder übertragen.

Selbstverständlich gibt's aber Unterschiede, sonst wäre die Sache ja auch zu einfach. Der erste wesentliche gegenüber dem Seitenruder und seiner Dämpfungsfläche ist die Möglichkeit, daß es ab einer bestimmten Modellgröße abnehmbar oder steckbar gestaltet werden kann, was handfeste Gründe hat. Ein Modell muß regelmäßig transportiert werden, und da ist eben die zweite, kleine „Tragfläche" am Heck nur hinderlich. In *Abbildung 6.20* ist die Möglichkeit eines

Abb. 6.20
Hängen Dämpfungsfläche und Ruder an einem Stück, bietet sich zwecks Demontage ein Verschrauben von der Oberseite her an. Im Rumpf ist dann natürlich für ein ausreichend festes Gegenlager zu sorgen

von oben aufgesetzten, zusammenhängenden Höhenleitwerks zu erkennen. Hier ist im Bereich der Verschraubung im Leitwerk eine Verstärkung *(6.21)* eingesetzt.

Doch bleiben wir beim Höhenleitwerk als solches, der Aufbau einer durchgehenden Dämpfungsfläche kann genau wie beim Seitenruder erfolgen, an einem tragenden Holm sind stumpf Halbrippen zu befestigen, eine Nasenleiste einzubringen und das Gerippe voll zu beplanken. Natürlich dient der durchgehende Holm erneut zur Aufnahme der Scharniere für die beiden Ruderblätter und zusätzlich zur Befestigung der Verschraubung mit dem Rumpf.

Nun die zweite Möglichkeit: eine zweiteilige Dämpfungsfläche. Für die eigentliche Steckung haben sich Aluminiumrohre bewährt, sind sie doch leicht und im Falle eines Verlustes problemlos zu ersetzen. Nach *Abbildung 6.22* im Inneren der Dämpfungsfläche zwei Führungen für die Alurohre unterbringen.

Dabei natürlich die Positionierung der Steckungsrohre gut überlegen, da weiterhin auf Leichtbau zu achten ist. Es hat sich bewährt, für die Steckung eines Höhenleitwerks zwei Rohre gleicher Dimensionen zu wählen, wobei sich der Durchmesser auch immer nach der Dicke der Dämpfungsfläche richtet. Es steht hier deshalb keine Generalempfehlung geschrieben, aber bis zu einer Leitwerks-

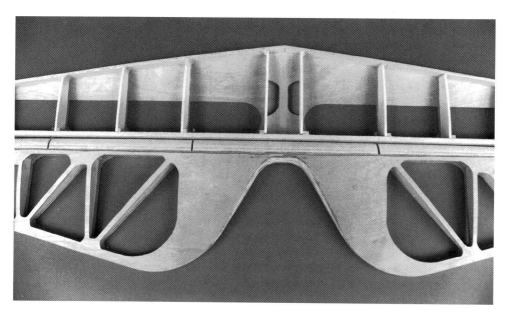

Abb. 6.21
Der Blick ins Innere einer Dämpfungsfläche zeigt, welche Vorbereitungen zu treffen sind, um später eine Verschraubung mit dem Rumpf zu ermöglichen. Eine Sperrholzverstärkung in der Mitte ist notwendig, und diese muß u.a. in Kontakt mit zwei Rippen stehen, um wirkende Kräfte großflächig in den Holm der Dämpfungsfläche und in die Nasenleisten-Konstruktion einzuleiten

Spannweite von 80 cm haben sich 15er-Alurohre als völlig ausreichend erwiesen. Die günstigste Position für beide Rohre zeigt sich in *Abbildung 6.23*, das hintere ist auf jeden Fall in festen Kontakt mit dem Holm zu stellen, das vordere muß in die Rippen eingeklebt werden, ein Auffüttern gemäß *Abbildung 6.22* bis zur Rippenober- und -unterkante ist notwendig. Ideal wäre dann noch, wenn es so weit vorne läge, daß es nach Draufsicht in *Abbildung 6.23* an den Enden in Kontakt mit der Nasenleisten-Konstruktion treten kann. Der Aufbau ist somit variabel, aber auf keinen Fall dürfen Steckungsrohre einfach nur durch Bohrungen in den Rippen eingefädelt werden, selbst dann, wenn diese aus Sperrholz bestehen. Kräfte, vor allem solche durch Biegebelastungen, sind nur in Bauteile einzuleiten, die sie auch aufnehmen können.

Der Aufbau der eigentlichen Ruderklappen ist erneut identisch mit dem des Seitenleitwerks in Kapitel 6.1 und die Möglichkeiten, das Anschlagen über Scharniere mit oder ohne Hohlkehle vorzunehmen, ebenso vergleichbar. Die Variante mit keilförmig geschliffener Nase an der Klappe gilt hier also erneut, nach *Abbildung 6.24* ist aber das Verlegen des Drehpunkts nach oben zu überlegen. Eine einfache Maßnahme, um den Spalt auf der Oberseite nicht gar so groß ausfallen zu lassen, aber weiterhin ein Kompromiß, da bei vielen Originalen die Höhenruderklappen in einer Hohlkehle gelagert sind.

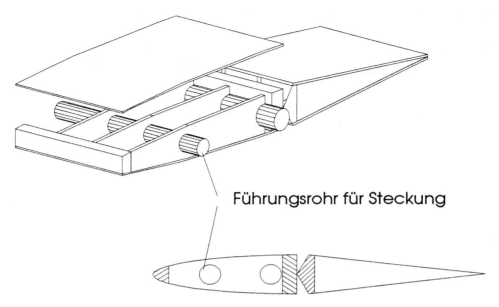

Abb. 6.22
Bei der von der Seite gesteckten Dämpfungsfläche sind zwei Aluröhrchen gleichen Durchmessers für die Steckung zu berücksichtigen, das Arbeiten mit einem großen Rohr und Torsionsstift wie bei der Tragfläche ist nicht üblich

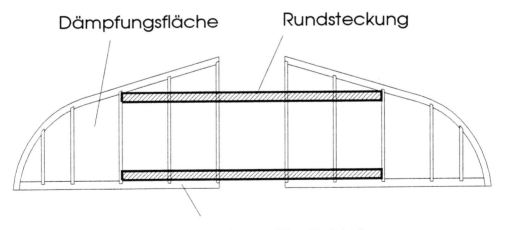

Abb. 6.23
Beide Aluröhrchen zur Steckung sind an bestimmter Stelle im Dämpfungsflächen-Rohbau zu plazieren, das hintere steht in festem Kontakt mit dem Holm, die Enden der vorderen Steckung sollten an die Nasenleiste stoßen, um auch hier Kräfte in die tragenden Teile der Konstruktion einzuleiten

Es gibt noch eine ganz andere Variante, und zwar das Pendelleitwerk. Man findet es in zwei Epochen des manntragenden Flugzeugbaus, der Ursprung liegt bei Segelflugzeugen bis Ende der 30er Jahre, man schwörte damals auf die guten aerodynamischen Eigenschaften und nahm dafür Schwierigkeiten mit dem Aufbau, Aufhängung und Anlenkung in Kauf. So mancher Absturz lag in falscher Lagerung oder Positionierung begründet. So verschwand das Pendelleitwerk schnell wieder aus dem Segelflugzeugbau und tauchte bei Motorflugzeugen, zumindest unter Sperrholzbauweisen auch nie mehr auf. Bei Segelflugzeugen finden wir es erst wieder in der GfK-Ära, hier vor allem bei T-Leitwerken.

Egal, wann und wo wir auf ein Pendelleitwerk stoßen, die Problematik ist immer die gleiche. *Abbildung 6.25* zeigt das Prinzip, auch ist wieder zwischen jener Version zu unterscheiden, die von oben auf den Rumpf aufgesetzt wird und einer gesteckten Variante. Betrachten wir uns zunächst die zuerst genannte, auch wenn wir sie bei Vorbildern nur sehr selten finden. Ein solches Flugzeug war aber z.B. die *Penrose Pegasus*, und von einem Nachbau stammen auch diese Fotos. Nach *Abbildung 6.26* liegt die Lagerung des Pendels auf dem Rumpf, eine einfache Achse, in zwei Haltelaschen gelagert, die wiederum fest mit den Rumpfgurten verbunden sind. Damit wird jetzt auch klar, was ein Pendelruder eigentlich ist, nämlich nichts anderes als eine Dämpfungsfläche mit Ruder am Stück, aber eben nicht getrennt und durch Scharniere gegeneinander beweglich. Beim Pendel-Höhenruder wird also die komplette Einheit geschwenkt, die Ruderfläche ist somit genauso groß wie das ganze Bauteil. Vorweggenommen sei hier, daß ein solches Ruder wesentlich empfindlicher reagiert, also nur kleinere Ausschläge notwendig sind. Infolgedessen darauf achten, von vornherein eine spielfreie Anlenkung zu gewährleisten. Das gilt natürlich für alle Ruder, aber

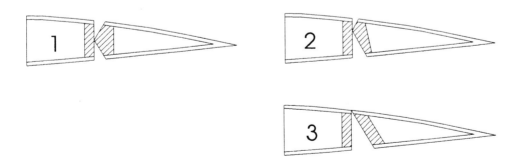

Abb. 6.24
Beim Anschlagen des Höhenruders mittels Scharnieren dürfen wir darüber nachdenken, den Drehpunkt außermittig (2) zu setzen. Der Spalt auf der Oberfläche wird gegenüber (1) kleiner. Gar keinen Spalt haben wir, wenn das Ruder mit einer V-Kehle auf der Unterseite (3) verschliffen wird

Abb. 6.25
Eher selten ist ein von oben auf den Rumpf gesetztes Pendel-Höhenleitwerk. Die Anlenkung ist in diesem Fall nicht mehr im Inneren zu verbergen, beim Original diente ein durchgehender Beschlag sowohl für die Lagerung als auch Anlenkung

Abb. 6.26
Beim Pendel, egal welcher Couleur, muß die Lagerung absolut spielfrei und fest mit dem Rumpf verbunden sein. Wir kommen nicht umhin, mittels Sperrholz-Dreiecken einen festen Kontakt zu Rumpfgurten und Verstrebungen herzustellen, nur so ist die Sache „flatterfest"

Abb. 6.27
Bei Großmodellen sind die auftretenden Kräfte an Seitenruder und Leitwerksflächen nicht zu unterschätzen, eine Anlenkung beidseitig mit Fesselfluglitze über eine Wippe ist sinnvoll. Hier ein Beispiel für diese Technik, zwei gerade Gestänge vom Servo kontrollieren eine Wippe, an der wiederum die beiden Fesselfluglitzen eingehängt sind. Wippe und Servo unbedingt auf einem gemeinsamen Trägerbrett unterbringen!

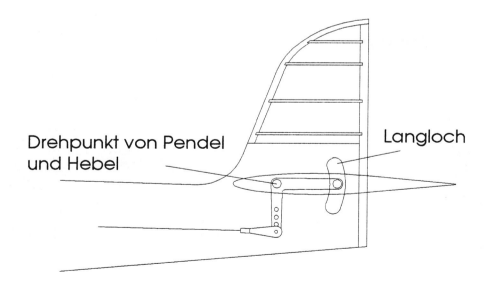

Abb. 6.28
Erfolgt die Anlenkung des Pendels im Inneren des Rumpfs, wird ein solcher Hebel nötig, er dient sowohl der Lagerung als auch zur Anlenkung

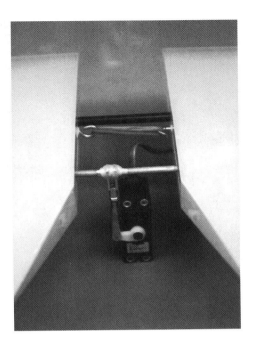

Abb. 6.29
Die Ansteuerung eines Pendels sollte, wenn irgend möglich, auf direktem Wege erfolgen. Wenn es die Rumpfbreite zuläßt, das Servo unmittelbar unter dem Pendel plazieren. Ein kurzes, gerades Gestänge steuert das Führungsröhrchen für den hinteren Stahlstift an, sehr sauberes Stellen ist das Ergebnis

Abb. 6.30
Man sieht, es gibt zahlreiche Variationen, das Leitwerk zu gestalten, hier ist es vorbildgetreu mit Flügelmuttern von oben verschraubt, die Ruder sind in einer Hohlkehle gelagert

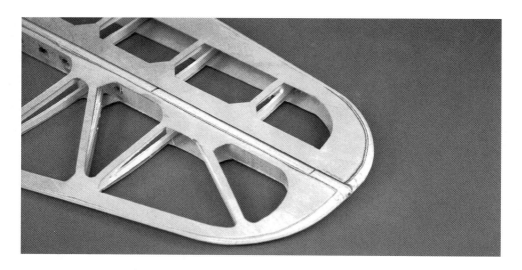

Abb. 6.31
Die Aufhängung des Ruders in einer Hohlkehle wie beim Seitenruder nach Abb. 6.15 ist natürlich ebenfalls zulässig, hier ein HLW im Rohbau. Zusätzliche Ausschnitte in den Rippen reduzieren das Baugewicht

beim Pendel um so mehr. Wer Spiel in der Anlenkung eines Pendels hat, so daß es gar während des Flugs ins Flattern kommt, hat schlechte Karten, ein flatterndes Pendelruder ist fast nicht mehr zu beruhigen. Dazu kommt die Gefahr, daß dadurch die Lagerung schnell ausschlägt und das ganze Bauteil explosionsartig aus der Halterung gerissen wird. Daher gilt in zwei Punkten besondere Vorsicht: absolut spielfreie Lagerung und spielfreie Anlenkung.

Abb. 6.32
Das Einmessen des Höhenleitwerks, egal, ob es nun ein Brettchen oder profiliert ist, erfolgt immer in der Drauf- und Rückansicht. Es ist auf jeden Fall zu gewährleisten, daß das Höhenleitwerk parallel zur Tragfläche liegt. In diesem Fall erlaubt die V-Form eine genaue Kontrolle der beiden „optischen" Spalte zwischen Leitwerk und Fläche

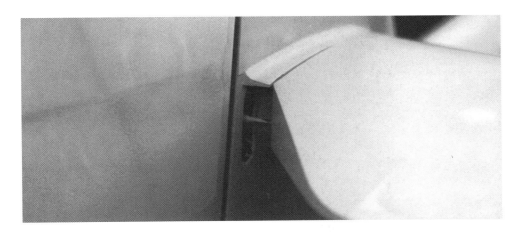

Abb. 6.33
Die bauliche Umsetzung eines Pendels ist weniger kompliziert als es aussieht, hier das Langloch, in dem der hintere Stahldraht auf- und abläuft

Vertragen sich aber nun diese hohen Ansprüche mit einer so primitiven Aufhängung wie in *Abbildung 6.26* gezeigt? Im Prinzip schon, denn hier wurde die Achse so paßgenau in die beiden Alu-Laschen eingesetzt, daß sie darin kein Spiel aufweist. Die Sache wird zur Fummelarbeit mit Bohrern kleinster Größenabstufungen, ansonsten kommen nur noch Kugellager in Frage. Die Anlenkung des Pendels ist übrigens nach *Abbildung 6.27* mit zwei Seilzügen realisiert und dadurch in sich spielfrei. Dennoch ist auch eine direkte Anlenkung vom Servo

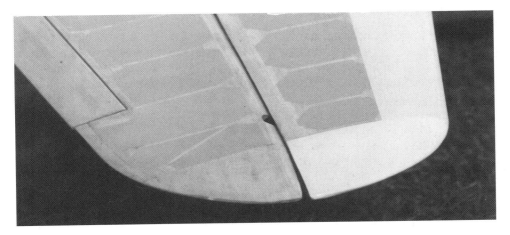

Abb. 6.34
Eine vorgetäuschte Hohlkehle mittels Scharnieren und halbkreisförmig verschliffener Nase des Ruders ist schnell zu realisieren und vergleichbar leicht in der Ausführung. Sie bedingt aber durch die Verjüngung des Randbogens einen keilförmigen, wenn auch kleinen Spalt

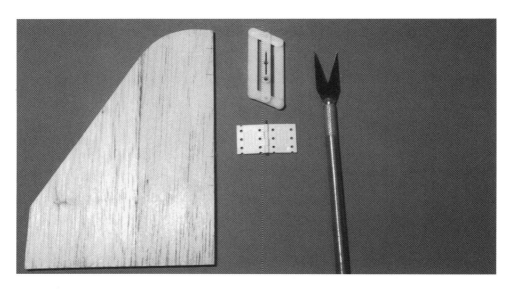

Abb. 6.35
Zum Setzen von Scharnieren sind zwei Hilfswerkzeuge notwendig, einmal ein Parallelogramm-Anschlag und ein gabelförmiges Messer. Der Anschlag wird an die Dämpfungsfläche angesetzt, zusammengedrückt und das Messer durch den vorhandenen Schlitz mittig geführt. Die Öffnung für die Scharnierfahne ist somit positioniert, das Innere nur noch herauszuarbeiten

aus, und sei es über eine Schubstange, zulässig. Die Lagerung des Servoarms muß eben dann die Zugkräfte alleine auffangen und den Belastungen auf Dauer gewachsen sein.

Als zweite Variante nun ein gestecktes Pendel-Leitwerk, das es im Vergleich schon häufiger gibt. *Abbildung 6.28* zeigt den Aufbau, die beiden Ruderflächen sind dabei, wie oben bereits beschrieben, über zwei Rohre oder Stahldrähte aneinandergesteckt. Der Clou an der Sache ist nun, daß das vordere Steckungsröhrchen im Rumpf so gelagert ist, daß es als Drehachse dienen kann und das hintere zwecks Anlenkung mit dem Servo verbunden ist. *Abbildung 6.28* zeigt einen möglichen Weg für solche Anlenkungen, der Hebel vereint Umlenkung sowie Lagerung in einem. Wer mit einem Pendel bei Modellen ab 4 m Spannweite liebäugelt, kommt nicht umhin, nach *Abbildung 6.29* zu bauen, nur durch eine kurze, bolzengerade Verbindung zwischen Servo und hinterem Röhrchen ist eine spielfreie Anlenkung gewährleistet. Hier dient übrigens ein Messingröhrchen zur Übertragung der Stellkräfte auf die darin laufende Rundstahl-Steckung. Über das Messingröhrchen ist wiederum ein aufgebohrter Metall-Gabelkopf geschoben. Die Passung muß leicht klemmen, so daß sich das Teil seitlich nicht verschieben kann. Für letzten Halt sorgt dann noch eine Verklebung mit eingedicktem Harz, vorheriges Anschleifen des Messingröhrchens ist natürlich oberste Pflicht. Im unteren Bereich finden wir dann das Servo, so einfach ist die ganze Sache.

Abb. 6.36
Bei Scharnieren ist unbedingt darauf zu achten, daß eine Hälfte des eigentlichen Scharnierkorpus in der Dämpfungsfläche, die andere in der Ruderfläche verschwindet. Eine halbrundförmige Vertiefung ist einzudrücken, bei Balsa macht man dies gleich mit dem Griff des Messers

Abb. 6.37
Wer sich so „spartanische" Vorbilder wie den Schulgleiter SG 38 vornimmt, kommt um den vorbildgetreuen Aufbau der Ruder nicht umhin. Man stelle sich einmal dieses Modell mit einem Brett-Leitwerk aus Vollbalsa vor!

Abb. 6.38
Spätestens hier wird die Konstruktion vorbildgetreuer Tragflächen und vor allem Ruder belohnt, die zusätzlichen, diagonalen Verstrebungen sind bei solchen Überflügen schön zu sehen

7. Nicht nur für Schiffe, die Helling

Im Verlaufe dieses Buchs haben wir eine große Zahl verschiedener Bauweisen für Flächen, Rümpfe und Leitwerke erfahren. Nicht immer handelt es sich dabei um einfache, gerade und eckige Konstruktionen, die man geradezu „zusammennageln" kann, winklig und ohne jeden Verzug. Im Gegenteil, in der Regel macht einem die liebe Leichtbauweise zu schaffen, hier steht ja gerade das Bestreben im Mittelpunkt, mit einer ausgetüftelten Konstruktion und durch den Verbund zahlreicher Teile ein hohes Maß an Festigkeit zu gewinnen. Wer sich damit auseinandersetzt, wird schnell feststellen, daß er nur zwei Arme hat, so manches Mal wären aber 10 weitere nötig, um irgendwelche Bauteile aneinander zu halten. Wir Menschen sind nun einmal so gebaut und brauchen dies auch nicht zu bedauern, schließlich gibt es ja Hilfsmittel, und genau die seien jetzt hier vorgestellt. Diese sind aber alles andere als eine Novität, die Väter unserer Vorbilder haben sie sich schon zu eigen gemacht. Aber auch sie haben diese nicht erfunden, die ursprüngliche Idee stammt aus dem Schiffbau, ist also mehrere tausend Jahre alt. Dennoch ist sie immer wieder ins Gedächtnis zu rufen, schließlich ist eine Helling nicht nur für Schiffe da!

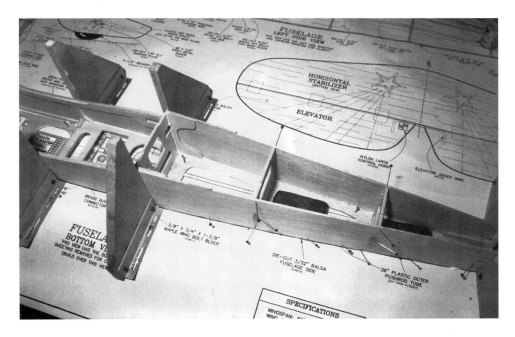

Abb. 7.1
Das Aufstellen von Kastenrümpfen ist verzugsfrei nur in einer Helling möglich, wobei diese eigentlich nur aus einem ebenen Baubrett und einigen winklig zugeschnittenen Hilfsbrettern besteht

7.1 Helling für Rümpfe

Im folgenden seien alle wichtigen Hellingtypen besprochen, aber, man möge mir verzeihen, es ist nicht möglich, für alle Rumpftypen alle möglichen Hellingsysteme vorzustellen. Ebensowenig ist es nicht möglich, jeden einzelnen Bauschritt zum Aufbau des Rumpfs in einer Helling zu erklären, da unterschiedlichste Bauweisen möglich sind. Wir betrachten daher die Helling als solche und den Aufbau eines Rumpfs darin, Parallelen drängen sich förmlich auf.

Die Entscheidung, welche Helling für die eigenen Belange die beste ist, kann einem nicht abgenommen werden, ein bißchen Kreativität muß da schon sein. Da nun Helling nicht gleich Helling ist, die einfachste Variante gleich zu Beginn, jene für Kastenrümpfe.

Abbildung 7.1 zeigt so eine, ihr Kernstück ist ein ebenes Baubrett, auf dem winklige Holzbretter stehen. Dabei sind sie aber nicht fest verleimt, sondern über L-förmige Schienen mit dem Baubrett verschraubt, was einen universellen Einsatz für mehrere Rümpfe ermöglicht. Aus *Abbildung 7.2* geht hervor, wie das zu verstehen ist, ein Schenkel des Alu-Profils ist fest mit dem winklig zugesägten Brett verschraubt, der andere mit Langlöchern versehen. Diese dienen dazu, die winkligen Bretter verschieben zu können, am Baubrett sind sie dabei mit zwei Holzschrauben so festzuschrauben, daß vorerst ein Hin- und Herschieben noch möglich ist. Dies erleichtert das Einlegen der Rumpfteile beim Aufbau des

Abb. 7.2
Hier die Hellingbretter, sie sind nichts anderes als winklig zugeschnittene Bretter aus Sperrholz mit einer Aluschiene am Sockel, fest mit dem Brett verschraubt und am anderen Schenkel mit Langlöchern versehen. Über diese werden die Bretter verschraubt und können zum Ausrichten dennoch verschoben werden

Kastenrumpfs ungemein. Für das Einrichten der Helling ist es natürlich notwendig, die Bretter an die richtige Position zu setzen, dazu zunächst auf dem Baubrett die Rumpfmittellinie sowie die Position der einzelnen Spanten einzeichnen. Damit wäre das Nötigste schon getan, die winkligen Hellingbretter mit Hilfe der L-Schiene auf Höhe der Spantposition provisorisch am Baubrett befestigen und mit dem Rumpfaufbau beginnen. *Abbildung 7.3* zeigt dabei die vorbereitenden Maßnahmen, hier wird der Rumpf übrigens auf dem Rücken stehend aufgebaut. Der Grund ist einfach, in der Regel besitzen Kastenrümpfe in der Seitenansicht eine runde oder zumindest keilförmige Unterseite, die kein rechtwinkliges Aufstellen der Spanten zuläßt. Auf der Oberseite sieht es meist nicht besser aus, Halbspanten geben, wie in Kapitel 5.4 beschrieben, deren halbrunde Form vor. Bevor diese aber festgeklebt werden, ist der Rumpf oben noch plan. Der Vorteil dieser Vorgehensweise ist die Tatsache, daß bis zu diesem Baustadium eine gerade Ebene vom Motorspant bis zum Leitwerk vorliegt, diese ist wunderbar dazu zu nutzen, den Rumpf winklig aufzubauen, aber eben dann auf dem Kopf. Die Trennebene zwischen diesem unteren und oberen Teil des Rumpfs also verkehrt herum auf den Bauplan heften, sei es nun ein durchgehendes Teil oder mehrere einzelne. Am besten geschieht dies mit einfachen Nägeln, mit dem Hammer ins Baubrett geschlagen, können sie später wieder problemlos herausgezogen wer-

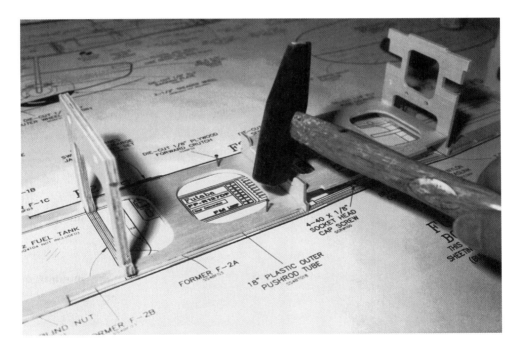

Abb. 7.3
Das Aufbauen des Rumpfs in der Helling beginnt mit dem Aufstellen der Spanten auf dem Rumpfboden oder Deckel, wie hier beim Aufstellen des Rumpfs auf dem Kopf. Das Fixieren auf dem Baubrett kann mittels Gewichten oder auch Nägeln erfolgen

den, vorausgesetzt, man positioniert sie nur dort, wo man später auch noch herankommt. Zum Ausrichten können selbstverständlich auch einfache Bleigewichte dienen, aber das hängt auch immer von der Ausrüstung der Werkstatt ab. Das Aufstellen der Spanten erfolgt nun auf der bereits aufliegenden Trennebene, *Abbildung 7.4* verdeutlicht dieses Vorgehen. Bis auf den Motorspant diese alle winklig aufstellen, lediglich diese Ausnahme erhält etwas Sturz und Zug, *Abbildung 7.5* erläutert einmal, was darunter zu verstehen ist. Beide haben die Aufgabe, die Motorzugachse so zu neigen, daß sich wechselseitig wirkende Kräfte durch die Position des ziehenden Motors gegenüber der bremsenden Fläche bzw. des auf das Leitwerk treffenden Luftschraubendralls aufheben. Gängige Werte sind 2 Grad Sturz und 1,5 Grad Zug, der Spant ist bereits im Rohbau um zwei Achsen geneigt einzubauen. Doch damit genug des Exkurses, denn inzwischen sind alle Spanten korrekt aufgestellt, die Rumpfseitenwände sind an der Reihe. Auch hier liegt in Winkligkeit der Schlüssel zum Erfolg, deswegen ja überhaupt der Aufwand mit der Helling, andere Versuche sind zum Scheitern verurteilt.

Abbildung 7.6 zeigt das Einlegen der Rumpfseitenwände, und dabei wird klar, warum Hellingbretter über Langlöcher verschiebbar sein müssen. Meistens weisen Kastenrümpfe nämlich Verzapfungen zwischen Spanten und Seitenwand auf, so daß das Einlegen nur von der Seite, nicht unmittelbar von oben möglich ist. Nach *Abbildung 7.7* muß das dabei entstehende Gebilde nach Ausrichten und endgültigem Befestigen der Hellingbretter durchtrocknen.

Im Prinzip war's das auch schon, und das Schönste ist dabei, daß die Helling keine Eintagsfliege ist, sondern für weitere Rumpfformen nutzbar bleibt. Das Anfertigen dieser Hilfe lohnt sich also.

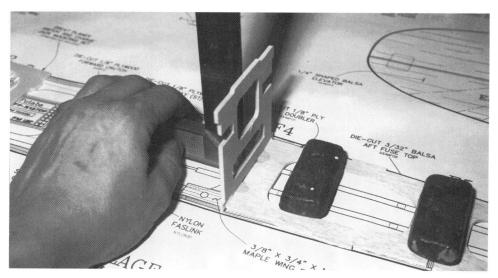

Abb. 7.4
Aufstellen der Spanten erfolgt nach dem Gesetz der Winkligkeit, ein Stahlwinkel, Weißleim und ein paar Tropfen Sekundenkleber zum schnellen Fixieren sind da große Hilfen

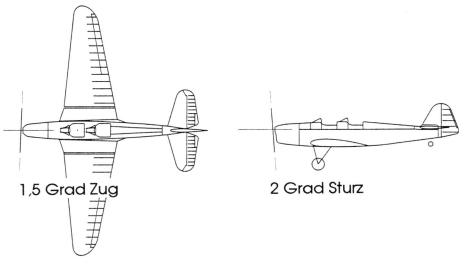

Abb. 7.5
Ein kurzer Exkurs zum Thema Sturz und Zug an dieser Stelle, auch wenn wir in diesem Baustadium eigentlich nur den Motorspant korrekt aufstellen wollen. Sturz gleicht ein resultierendes Nickmoment durch die "bremsende" Tragfläche und „ziehenden" Motor aus. Seitenzug dient dazu, das Moment um die Hochachse durch die auf das Leitwerk treffende Propeller-Wirbelschleppe auszugleichen

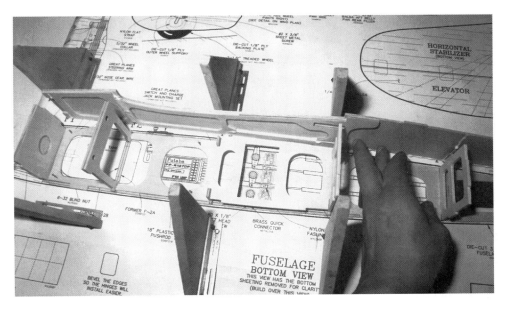

Abb. 7.6
Der Aufbau des Kastenrumpfs in einer Helling beginnt mit dem Einlegen der Seitenwände erst richtig. Diese sind aber nicht immer von oben, sondern eher von der Seite her heranzuführen. Vorheriges Kontrollieren der Passung ist notwendig

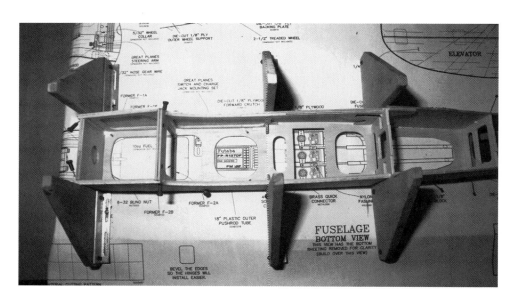

Abb. 7.7
Sind die Seitenwände eingelegt, die Hellingbretter herangeschoben und verschraubt, kann der Rumpf in diesem Stadium durchtrocknen

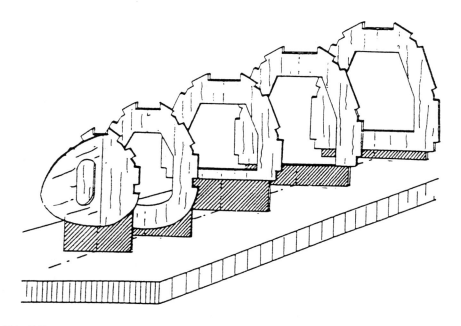

Abb. 7.8
Bei ovalen Rumpfformen ist diese Helling einer der Wege, einen geraden und verzugsfreien Rumpf aufzubauen. Jeder Spant besitzt einen Fuß, über den er am Baubrett befestigt ist

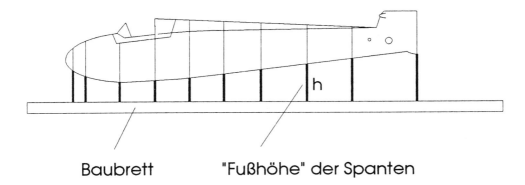

Abb. 7.9
Die Höhe der Füße richtet sich nach der Seitenansicht des Plans, der Abstand Oberkante Baubrett/Unterkante Spant ist dazu maßgeblich

Das war aber nur die einfachste Form, sie ist nur für winklige Rümpfe zu gebrauchen. Das gilt für Motor- als auch Segelflugmodelle, aber beim Nachbau von vorbildgetreuen Seglern sind häufig ovale Rumpfformen anzutreffen. Hier kommen dann nur zwei weitere Helling-Varianten in Frage, die erste zeigt sich in *Abbildung 7.8*. Jeder einzelne Spant ist mit einem Fuß versehen, auf dem er auf dem Baubrett in korrekter Position ausgerichtet werden kann. Die Form der Hilfsfüße selber ist nicht so ausschlaggebend wie die Höhe. Die Spanten müssen natürlich über dem Baubrett so zu liegen kommen, wie sie in einer Seitenansicht des Plans oder der Bauskizze eingezeichnet sind. Zum Ermitteln dieser Höhe ziehen wir *Abbildung 7.9* zu Hilfe, vom untersten Punkt eines jeden Spants bis zur Oberkante Baubrett das Maß ermitteln und die Füße danach in der Höhe gestalten. Erst wenn alle Spanten so auf dem Baubrett ausgerichtet sind, die einzelnen Rumpfgurte einziehen. Gerade bei ovalen Rumpfformen ist ein Verbund aus Spanten mit Gurten zu finden, ohne Rumpfrücken oder durchgehende Seitenteile.

Außerdem ist es empfehlenswert, die ersten Teile der Beplankung dann noch aufzubringen, wenn sich der Rumpf in der Helling befindet. Die Konstruktion nimmt vor Lösen vom Baubrett schon festere Formen an. Das geschieht übrigens durch einfaches Absägen der Füße und Verputzen der Spanten an deren Unterseite. Zum Abschluß die verbleibenden Gurte einbringen und die Beplankung vollenden.

Nun zu einer sehr ähnlichen Variante einer Helling, sie sieht nicht das Aufstellen der einzelnen Spanten auf Füßen vor, sondern eine Befestigung an Leisten und einem Baubrett. *Abbildung 7.10* macht das Prinzip klar, eine gerade Tischkante oder Baubrett dient als Bezugskante, die Rumpfmittellinie eines jeden Spants muß den gleichen Abstand zu dieser Kante haben. Gehalten werden die Spanten durch eine einfache Kiefernleiste, in der Regel 10 mm x 10 mm. Auf der

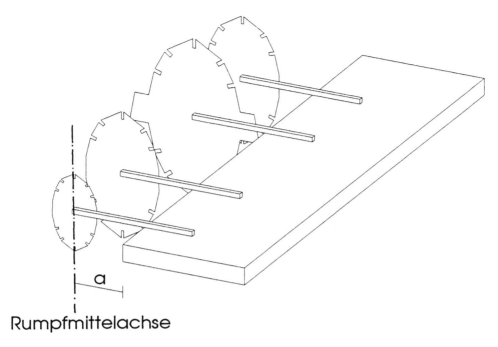

Rumpfmittelachse

Abb. 7.10
Eine andere Möglichkeit, Rumpfspanten korrekt „im Raum" auszurichten, ist das Befestigen an einer Tischkante oder einem Baubrett. 10 mm x 10 mm-Kiefernleisten dienen zur Ausrichtung. Die Mittelachse aller Spanten muß einen gleich großen Abstand a zur Tischkante haben

Oberkante des Baubretts festgeschraubt, ist die Helling schon eingerichtet. Der Aufbau des Rumpfs erfolgt dann genauso wie oben schon beschrieben, als erstes die Gurte einlegen und dann versuchen, die Sache so weit wie möglich zu beplanken. Auch hier liegt nach Lösen von der Helling ein in sich steifer Rumpf vor, der problemlos außerhalb der Helling im Rohbau abzuschließen ist.

7.2 Helling für Leitwerke

Bevor nun ein Hilfsmittel zum Aufbau von, Seiten- oder Höhenleitwerken bzw. Ruderklappen im Mittelpunkt steht, müssen wir uns noch einmal Kapitel 6.1 und 6.2 ins Gedächtnis rufen, denn nicht für alle Bauweisen von Leitwerken benötigt man auch eine Helling. Manchmal geht es aber nicht ohne, vor allem dann, wenn ein Leitwerk in herkömmlicher Rippen-Bauweise zu erstellen ist. In einem Beispiel haben wir uns jene Bauweise angesehen, bei der die Leitwerksteile rund um einen Holm aufgestellt werden. Dieser bestand z.B. aus einem Sandwich von

0,6-mm-Sperrholz, 6-mm-Balsa und erneut einer Lage 0,6er-Sperrholz. Verklebt sind diese drei Teile mit Expoxidharz, und an diesen Verbund sind die Rippen stumpf angeklebt.

Bis jetzt ist das alles eigentlich kein Problem, abgesehen von der Tatsache, daß ein solches Seitenruder auch mal nur fünf Rippen besitzt und ihr Abstand zueinander damit sehr groß wird. Der Verlauf der mehrteiligen Endleiste ist in gerader Form damit nicht garantiert, daher ein Musterbeispiel für unsere Helling. *Abbildung 7.11* zeigt sie, eine einfache Spanplatte aus dem Baumarkt ist Kernpunkt der Geschichte.

Bevor aber zu bauen angefangen wird, eine Zeichnung im Maßstab 1:1 des Bauteils bereitlegen, entweder aus dem Bauplan abgenommen oder als Skizze. Diese direkt auf das Hellingbrett aufkleben oder mit Pauspapier übertragen. Das Ergebnis ist das gleiche, die Position der einzelnen Bauteile ist auf das Baubrett zu übertragen. Als Nächstes die auf dem Foto zu erkennenden winkligen Klötze herstellen, in denen die Bauteile während der Trocknungsphase fixiert sind. Am einfachsten geht dies mit Kiefern- oder Raminleisten mit den äußeren Abmessungen 10 mm x 25 mm aus dem Baumarkt, in 30 mm lange Segmente zersägt. Der Schnitt sollte natürlich genau winklig erfolgen.

Der zweite Schritt zum Einrichten der Helling ist das Bereitlegen von kleinen Musterstücken jeder Materialstärke, sei es von Holm oder Rippen. Dann können wir loslegen, zwei Klötze sind immer paarweise mit Weißleim entlang der Hilfslinien am Baubrett aufzukleben. Unser „Mustermaterial" dient also nur dazu, die beiden Klötze so zu positionieren, daß unsere späteren Rippen und Holme

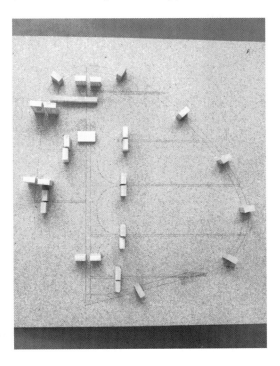

Abb. 7.11
Eine mögliche Helling für ein Seitenruder ist auf diesem Foto zu erkennen, die äußere Kontur ist direkt aufs Holz aufgezeichnet, Hilfsklötze zur Ausrichtung der Bauteile aufgeklebt – immer paarweise, damit das Material ohne weitere Hilfen dazwischengeklemmt werden kann

saugend zwischen diese passen. Was nun noch bleibt, ist, die Endleiste korrekt auszurichten. Dazu zunächst die Höhe der Mittellinie des Bauteils über dem Baubrett ermitteln. Ist dieses Maß bekannt, jene Klötze, auf denen die Endleiste aufliegt, genau ablängen. Entlang der Endleiste nun noch mehrere auf die Spanplatte aufkleben, und damit ist die Helling schon einsatzbereit. Auf *Abbildung 7.12* sind bereits alle Bauteile für das Seitenruder eingelegt, gut zu sehen auch jene Klötze, auf denen die Endleiste aufliegt. Während des Abbindens des Klebers ist mit kleinen Gewichten oder Stecknadeln dafür zu sorgen, daß die Endleiste nicht von den Klötzen abhebt, nur so ist ein gerader Verlauf gewährleistet, vor allem dann, wenn die Endleiste aus mehreren Teilen besteht. Klar auch, daß die Höhe dieser Klötze somit absolut identisch sein muß. *Abbildung 7.13* zeigt Aufbau und Helling noch einmal in Nahaufnahme, alle Fragen müßten damit geklärt sein.

Nach dem Trocknen das Ganze aus der Helling herausnehmen, sauber Verschleifen und Beplanken. Selbst beim Aufbau eines einzigen Ruders lohnt sich der Aufwand, und wer gleich mehrere Modelle eines Typs auflegt, kommt um diese Hilfe sowieso nicht herum.

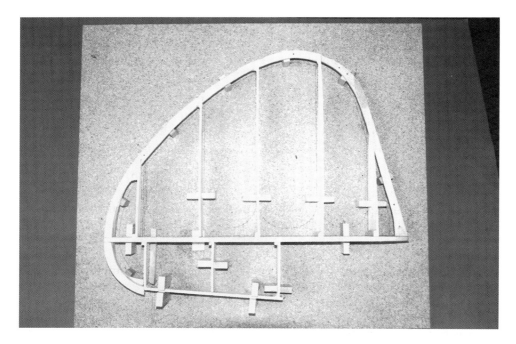

Abb. 7.12
Nach Einlegen der Bauteile präsentiert sich das Seitenruder in diesem Stadium, die Helling sorgt dafür, daß während der Abbindezeit des Klebers die Teile zueinander ausgerichtet sind. Gerade die mehrteilige Endleiste ist nur so gerade aufzubauen

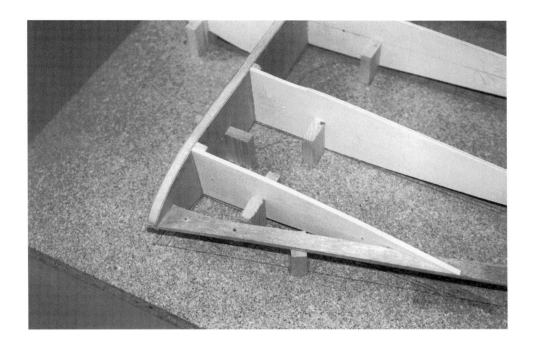

Abb. 7.13

7.3 Helling für Flächen

Nun auch noch eine Helling für Flächen, ist denn das überhaupt notwendig? Die Antwort ist einfach: Das hängt mal wieder von der Bauweise und Größe der Tragfläche ab. Es ist aber nur dann sinnvoll, eine Helling einzusetzen, wenn sie wirklich das einzige Mittel ist, einen geraden Tragflächenaufbau zu ermöglichen. Die größte Schwierigkeit beim Tragflächenbau liegt nämlich darin, daß immer zwei Tragflächenhälften zu erstellen sind, die später zueinander 100%ig symmetrisch sein müssen. Diese Symmetrie gilt sowohl für die Profilierung als auch für die Geometrie in der Draufsicht, aber vor allem auch für eine geometrische Schränkung. Gegenüber einem Leitwerk ist bei Tragflächen häufig eine unterschiedliche Einstellwinkeldifferenz der Tragflächenwurzel gegenüber dem Randbogen zu finden. Nur dann, wenn diese geometrische Schränkung bei der rechten und linken Tragflächenhälfte die gleiche ist, ist gewährleistet, daß das Modell später im Flug bei neutral stehenden Querrudern nicht um die Längsachse rollt. Wer will schon einen Verzug der Tragfläche durch Querrudertrimm ausgleichen? Der Aufbau einer Helling für diesen Zweck ist aber gar nicht so schwer, da im Gegensatz zu Rümpfen und Leitwerken nicht alle Bauteile durch Hilfsmittel gehalten werden müssen, sondern ein Tragflächengerippe in sich bereits „steht". Gemeint ist damit, daß die Rippen nicht durch eine große Anzahl diverser Halteklötze in ihrer Position gehalten werden müssen, sie werden ja

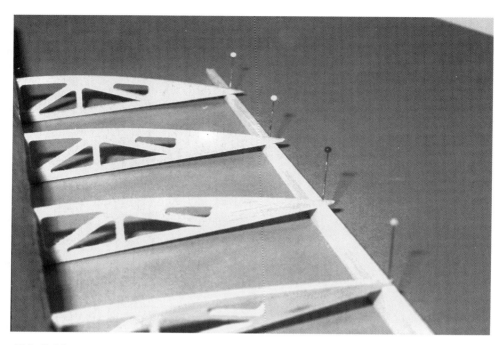

Abb. 7.14
Die einfachste Form einer Helling für Tragflächen ist eine konische Unterlage im Endleistenbereich, sie sorgt dafür, daß jede Rippe den korrekten Anstellwinkel im Rohbau hat

beim Aufstellen mit dem Holm verkastet und dadurch korrekt ausgerichtet. Was bleibt, ist der Aspekt der geometrischen Schränkung, im sauberen Verlauf über die Spannweite. Zur Verdeutlichung *Abb 7.14*, die denkbar einfachste Lösung einer solchen Helling. Hier liegen die Rippen im Bereich des unteren Holmgurts auf dem Baubrett auf und sind im Endleistenbereich mit einer keilförmigen Leiste unterfüttert. Diese sorgt dafür, daß die geometrische Schränkung sauber über die Spannweite verläuft.

Einsetzbar ist diese Helling aber nicht nur bei allen Tragflächen, die von der Wurzel bis zum Randbogen die gleiche Profiltiefe und Rippenform besitzen, sondern auch bei abnehmender Profiltiefe und einem Profilstrak zwischen Wurzel und Randbogen. Die Form des Keils ist auch hier einfach zu ermitteln, nur die Wurzel- und Randbogenrippe sind auf dem Baubrett genau auszurichten und danach die Höhe a und b zum Baubrett an jener Stelle zu messen, an der die beiden Rippen unterstützt werden sollen. Leistenlänge und Höhe an zwei Punkten ist damit klar, dazwischen muß sie als gerader Keil verlaufen, ohne Wellen und Hügel. Beim Aufbau der Tragfläche jede Rippe auf diese Leiste auflegen, die gewünschte geometrische Schränkung verläuft so sauber über die Spannweite. Voraussetzung ist natürlich, daß ein einfacher Strak zwischen Wurzel und Randbogen vorliegt, bei Tragflächen mit mehreren Trapezen oder geometrischen

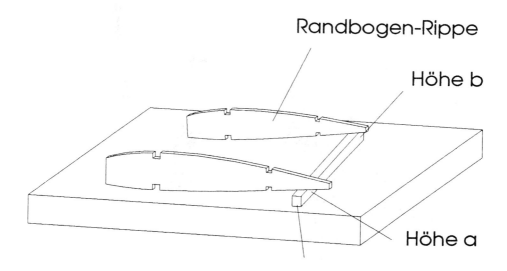

Abb. 7.15
Im Falle einer geometrischen Schränkung oder Abnahme der Profiltiefe entlang der Spannweite ist sowohl die Wurzel- als auch Endleistenrippe genau auszurichten. Dann jeweils die zu unterfütternde Höhe (a und b) über dem Baubrett ermitteln und eine keilförmige Leiste anfertigen. Alle weiteren Rippen können dann einfach aufgelegt werden

Schränkungssprüngen entlang der Halbspannweite ist für jeden „Abschnitt" eine separate keilförmige Leiste anzufertigen. Die jeweiligen Anfangs- und Endrippen eines Trapezes sind dabei die Bezugspunkte *(Abbildung 7.15)*.

7.4 Helling für Landekufen

Ja, es geht noch weiter, zwei weitere Versionen einer Helling kommen noch auf uns zu, nehmen wir als Nächstes eine Vorrichtung für das Erstellen von Kufen in Angriff. Bei Nachbauten von Segelflugmodellen aus den 20er und 30er Jahren gibt es immer wieder die Notwendigkeit, ein möglichst leichtes und stabiles Formteil zu erstellen, auf dem das Modell landen kann. Die Form aller Kufen in ihrer Seitenansicht ist vergleichbar, hinten fast gerade, nach vorn hin in einem großen Radius gebogen, um an der nach oben gezogenen Rumpfunterseite angeschlagen werden zu können. *Abbildung 7.16* zeigt eine Kufe in ihrer typischen Form und deren Befestigung. Zum Dämpfen der Stöße bei der Landung finden sich häufig Gummipuffer, Stücke eines Garten- oder PVC-Schlauchs mit großer

Abb. 7.16
Eine Möglichkeit, eine Kufe auf der Unterseite des Rumpfs anzuschlagen, ist ein U-förmiger Beschlag, mit zwei Schrauben am Rumpf befestigt. Eine Blechlasche ist dann noch über die Spitze der Kufe zu ziehen, die Schraube dient dabei als Achse

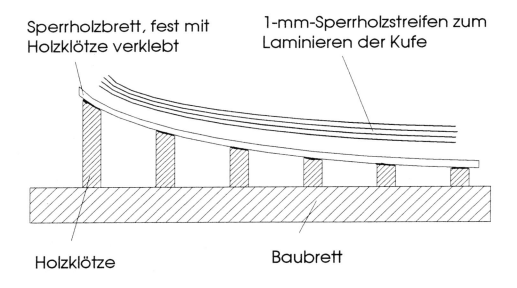

Abb. 7.17
Eine gebogene Kufe ist nicht aus Massivholz herzustellen, sie ist in einzelnen Streifen zu laminieren. Die Helling dazu besteht aus einem dünnen Sperrholzbrett, dessen gebogene Form durch unterschiedlich hohe Klötze vorgegeben wird

Wandstärke eignen sich hierfür hervorragend. Es gibt aber auch Aufhängungen über V-förmig angeordnete Stoßdämpfer, wobei hier in der Regel mehr von einer einfachen Federung denn Stoßdämpfung zu sprechen ist. Dazwischen die eigenstabile Kufe, das Biegen einer massiven Holzleiste ist aber falsch, da sie nie spannungsfrei sein kann.

Zum Aufbau ist der gebogene Verlauf der Kufe aus der Seitenansicht herauszunehmen und die Maße nach *Abbildung 7.17* auf die Helling zu übertragen. Das Einrichten selber ist dann kein Problem mehr, ein ebenes Baubrett die Grundlage. Steht unsere Helling, können wir die einzelnen Sperrholzstreifen, aus denen die Kufe später laminiert wird, vorbereiten. Die Streifen gemäß äußerer Form der Kufe mit Übermaß zuschneiden, mit Kleber einstreichen (Weißleim oder Epoxi) und auf die Helling auflegen. Gewichte oder Nadeln halten die Streifen in der endgültigen Form und pressen sie aneinander. Nach dem Trocknen haben wir ein spannungsfreies Formteil. Erst jetzt können wir die exakte äußere Form der Kufe aufzeichnen und herausarbeiten.

7.5 Nagelschablonen

Wie der Name schon sagt, ist eine Schablone eigentlich keine Helling, dennoch sei sie hier besprochen, erfüllt sie doch die gleiche Aufgabe. Gerade dann, wenn Leichtbau angesagt ist, kommen wir ohne sie nicht aus. Formteile sind nämlich nicht immer aus dem vollen herzustellen, sondern auch in einzelnen Streifen laminierbar. Sei es nun ein Randbogen oder gar einzelne Spanten für einen Rumpf, die Schablone sieht immer gleich aus: Nach *Abbildung 7.18* die äußere Kontur des Bauteils auf ein Hellingbrett übertragen, entlang der äußeren Linie gerade Stahlstifte einschlagen und die Köpfe abzwicken. Nun können wir wie in Kapitel 7.4 vorgehen, die bereits mit Klebstoff eingestrichenen Streifen für unser

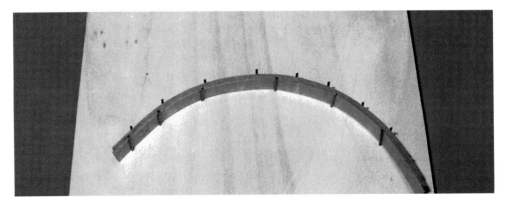

Abb. 7.18
Eine Nagelschablone für Formteile ist eine sehr schnell eingerichtete Hilfe, das Abzwicken der Köpfe nach Einschlagen der Nägel macht diese zwar für weitere Schablonen unbrauchbar, ermöglicht aber erst das Herausnehmen der fertigen Teile nach oben

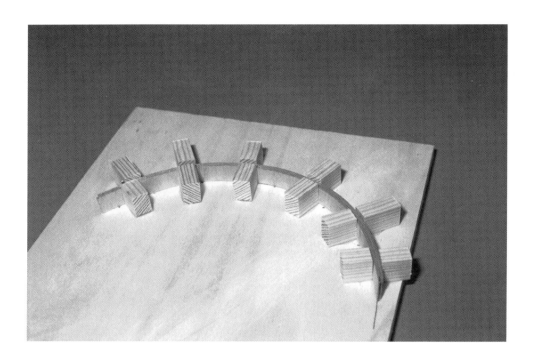

*Abb. 7.19
Als Alternative zu Nägeln können auch paarweise angeordnete Holzklötze die Führung für die miteinander zu verklebenden Streifen übernehmen. Das Einrichten der Helling ist zeitaufwendiger, aber dafür kann sie für wesentlich mehr Bauteile identischer Formen benutzt werden*

Laminat in die Nagelschablone einlegen und mit Wäscheklammern aneinanderpressen. Das Bauteil muß in der Nagelschablone aushärten. Die Nagelschablone ist somit einfach aufzubauen und schnell einzurichten. Wer mit Weißleim Formteile laminiert, sollte auf die Verwendung von rostfreien Nägeln achten, denn trotz der kurzen Abbindezeit oxidieren einfache Stahlstifte und färben das Holz an der entsprechenden Stelle rostrot. Abschleifen ist nicht immer möglich. Dies gilt vor allem dann, wenn beim Laminieren sehr enger Radien die Holzstreifen zuvor zu wässern sind.

Eine Variante der Nagelschablone sieht Holzklötze statt Nägel vor, sie kennt somit das Problem von „Rostflecken" nicht. *Abbildung 7.19* zeigt eine solche, wunderbar geeignet, Rumpfspanten zu erstellen. Kleine Klötze, paarweise zueinander ausgerichtet, halten die einzelnen Streifen während des Abbindens in der korrekten Position.

Das hier vorgestellte Hilfsmittel ist aber nicht nur für Spanten zu gebrauchen, auch bei Rippen kann es große Dienste erweisen. Ein Beispiel zeigt *Abbildung*

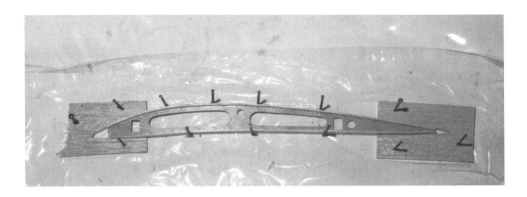

Abb. 7.20
Eine Kombination aus Voll- und Nagelschablone ist für den Aufbau von Rippen sehr gut geeignet

7.20, auf eine ähnliche Schablone sind wir schon in Kapitel 4.2 gestoßen, es ging dabei um den Aufbau von Rippen in Vollschablonen. Wer besonders leicht bauen möchte, kann den Kern der Rippe aus dünnem Sperrholz aussägen und bereits auf dem Baubrett mit Aufleimern versehen. Für den Nasen- und Endleistenbereich kann dann weiterhin eine Vollschablone verwendet werden, für den Bereich dazwischen die Aufleimer mit Nägeln in korrekter Position halten. Die Kombinationsvariante hat vor allem den Vorteil, daß sie wesentlich schneller eingerichtet ist als eine Vollschablone.

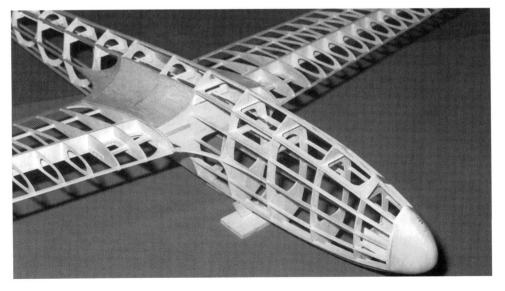

Abb. 7.21
Dieses Musterexemplar an Rohbau konnte der Autor am Stand der Antik-Modellflugfreunde-Deutschland e.V. in Dortmund ablichten. Ohne Helling sowohl für den Rumpf als auch für die Flächen wäre ein so exakter Aufbau nicht möglich gewesen

Abb. 7.22
Ein Schaustück aus Holz und Folie: Vladimir Handliks Doppeldecker Gaudron G 3. Mit diesem wurde er auf der Scale-WM in Deelen Weltmeister!

8. Aufwendiger geht's nicht mehr

8.1 Viel Holz und wenig Kohle

Wer sich dem Holzbau verschrieben hat und sich inzwischen durch die vorangegangenen Kapitel geackert hat, kennt inzwischen all die Vor- und Nachteile vom gewachsenen Werkstoff Holz. Auf der einen Seite kann es ein sehr leichtes Material sein, auf der anderen Seite aber auch eins, das einem ganz schön Sorgen bereiten kann, wenn wir hier erneut an die Einflüsse von Temperatur und Luftfeuchtigkeit denken. Leichtbau hat dadurch oft einen größeren Aufwand zur Folge. Bei der Herstellung eines Seitenruders für eine »GeeBee Z« im Maßstab 1 : 2,5 wurde einmal kein Aufwand gescheut. Um es vorweg zu nehmen, das Bauteil mit 48 cm Länge und einer maximalen Tiefe von 14 cm wiegt am Ende bespannfertig 50 g, und das mit zwei Kiefernholmen der Abmessungen 5 mm x 5 mm. Den Härtetest hat die Ruderklappe inzwischen auch schon bestanden, den ganzen Winter über hing sie an einem Haken in der Garage, um allen Temperatur- und Feuchtigkeitsschwankungen einmal ausgesetzt zu werden. Um es vorweg zu nehmen: Das Ding ist immer noch bolzengrade.

Bevor wir jetzt in den Bau einsteigen, vorab noch die Information, daß es sich hierbei um jene Bauweise handelt, bei der die Ruderklappe mit einem Trägerbrettchen und Halbrippen aufgestellt wird. Einen maßgeblichen Einfluß auf das Gewicht aber auch auf die Stabilität hat das Trägerbrettchen, das auf der einen Seite so leicht wie möglich, auf der anderen Seite aber auch so stabil wie nötig sein sollte. Also bietet es sich an, bei einem Bauteil dieser Größenordnung einem denkbaren Verzug möglichst früh den Garaus zu machen. Aus diesem Grund wurde das Trägerbrettchen aus zwei dünnen Lagen 1-mm-Balsa laminiert, und zwar so, daß die Maserungen im Winkel von 90° zueinander verlaufen.

Soweit der Überblick, steigen wir jetzt direkt in den Bau ein.

Es beginnt mit Abb. 8.1. Vom Plan nehmen wir die Umrisse der gewünschten Ruderklappe ab, fertigen eine Schablone vom späteren Trägerbrettchen an und zeichnen darauf auch noch die Rippenpositionen ein. Diese Schablone kann aus dünnem Sperrholz, Pappe oder anderen Materialien sein. Die luxuriöseste Variante

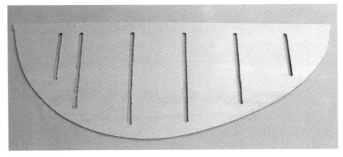

Abb. 8.1
Sehr hilfreich ist eine solche Schablone zum Übertragen der äußeren Umrisse und Rippenposition auf das spätere Trägerbrett. Im Falle von zwei Höhenruderklappen sind solche Schablonen sogar Garant für symmetrische Bauteile

Abb. 8.2
Um zu verhindern, daß beim Laminieren des Trägerbretts die beiden Hälften zuviel Harz aufnehmen, werden sie mit Porenfüller behandelt

einer solchen Schablone zeigt Abb. 8.1, ein CNC-gefrästes Brettchen aus 3-mm-Pappelsperrholz. Der Grund ist einfach, die Konstruktion kommt nicht vom Plan, sondern direkt aus dem CAD-Programm.

Abb. 8.2 zeigt die inzwischen vorbereiteten 1-mm-Balsabrettchen, bereits unter Berücksichtigung des späteren Maserungsverlaufs zusammengeschäftet. Wenn später das obere Teil umgeklappt wird, verlaufen die Maserungen der beiden etwa 90° zueinander. Wer es ganz genau nimmt, macht es so wie auf dem Bild gezeigt, hier läuft die Maserung des einen Teils nicht 90° zur Flugrichtung und die des anderen parallel dazu, sondern jeweils 45° zur Flugrichtung. Denn wenn man schon den Aufwand treibt, kann man es ja auch gleich richtig machen.

Auf Abb. 8.2 ist noch ein weiterer Arbeitsschritt zu erkennen, die späteren „Kontaktflächen" der beiden Bauteile sind mit Porenfüller einzustreichen, um das Aufnehmen von zuviel Harz zu verhindern. Doch Vorsicht ist geboten, unmittelbar nach Einstreichen mit Porenfüller rollen sich die dünnen Balsabrettchen auf wie altes Pergament. Aus diesem Grund sind die Bauteile zu beschweren, so lange, bis der Porenfüller vollständig ausgehärtet ist.

Danach die Balsabrettchen mit einer Schaumstoffwalze dünn mit Harz einstreichen, aufeinanderlegen und auf einem ebenen Baubrett mit moderatem Druck pressen. Wer die Torsionssteifigkeit weiter erhöhen möchte, kann bei diesem Arbeitsgang auch noch eine Lage Glasgewebe einlegen, je nach Anwendungsfall. Anschließend nehmen wir wieder unsere Schablone aus Abb. 8.1 und beschneiden bzw. beschleifen mit deren Hilfe die äußere Kontur der verklebten Balsabrettchen. Bevor wir zu Abb. 8.3 kommen, sollte also das Trägerbrettchen in seinen späteren Umrissen vorliegen.

Abb. 8.3
Wenn das Laminat ausgehärtet ist, wird das Bauteil zunächst mit Hilfe der Schablone aus Abb. 8.1 exakt zugerichtet und dann mit einem CfK-Roving als Endkante versehen

Abb. 8.3 zeigt den nächsten Schritt, um der späteren Ruderklappe auf „Ewigkeit" Stabilität mit auf den Weg zu geben. Doch nicht nur gegen Verzug, sondern auch gegen die berühmten Dellen in der Endleiste, wenn es beim Transport mal hakt. Der Trick ist simpel, das zugerichtete Trägerbrettchen wird auf eine dünne Folie gelegt und um die Endkante herum ein CfK-Roving laminiert. Auch hier unbedingt auf einem geraden Baubrett arbeiten, denn wer hier Wellen im Bauteil hat, verewigt sie mit diesem Arbeitsschritt. Diese CfK-Endkante muß anschließend noch verschliffen werden, und hierbei bitte ich alle um höchste Umsicht. Unbedingt eine Staubmaske tragen und nach Möglichkeit im Freien arbeiten, denn die kleinen CfK-Schnipsel gehören mit zu dem Gefährlichsten für unsere Lunge, was unser Hobby zu bieten hat.

Abb. 8.4
Auf diesem Foto werden nicht nur die im Text beschriebenen Arbeitsschritte deutlich, sondern auch der Verlauf der Maserung 45° zur Flugrichtung

Abb. 8.4 zeigt erneut die CfK-Roving-Endkante und die nächsten beiden Bearbeitungsschritte. Unsere Schablone wurde erneut auf das Bauteil aufgelegt und die Position der Rippen übertragen, zu erkennen an den feinen Bleistiftstrichen zwischen den Aussparungen. Denn genau die arbeiten wir in diesem Stadium jetzt auch noch heraus. Das Bauteil wird dadurch deutlich leichter, etwa 40% der Masse kann herausgenommen werden.

Abb. 8.5 schließt den Bau mehr oder weniger ab, zwei 5 x 5-mm-Kiefernleisten als Holme werden aufgeklebt, zwecks Vergrößerung der Auflagefläche für die Folie sind dahinter noch zwei Balsaleisten mit gleichen Abmessungen aufgeklebt. Auch die Halbrippen sind bereits in ihren zuvor markierten Positionen aufgeklebt worden. Nach Abb. 8.6 erfolgt dann das Verschleifen der Halbrippen, und auf diesem Foto ist auch sehr gut zu erkennen, wie der Übergang zwischen Halbrippen und CfK-Endkante erfolgen sollte.

Das Ergebnis ist unser leichtes, extrem verwindungssteifes und gegen nahezu alle Transporteventualitäten geschütztes Seitenruder.

Zum Schluß erneut der Hinweis, daß diese Bauweise nicht unbedingt etwas für den Einsteiger ist, sondern vielmehr für diejenigen, die es sich zutrauen, vom vorgeschriebenen Weg eines Plans abzuweichen oder Eigenkonstruktionen anzugehen. Auch wenn diese Bauweise einen erhöhten Zeitaufwand mit sich bringt und später unter der Folie nicht mehr zu erkennen ist, wenn es leicht und richtig stabil sein soll, dann z. B. so.

Abb. 8.5
Zwei Kiefernleisten 5 x 5 mm bilden den Ruderholm

Abb. 8.6
Die Halbrippen werden nach Aufbringen so verschliffen, dass sich ein fließender Übergang zur CfK-Endkante ausbildet

8.2 Verstärkungen von Holzteilen

Holz ist ein natürlicher Werkstoff, er besitzt für uns die Vorzüge seines geringen Gewichts, der relativ hohen Festigkeit und einfachen Bearbeitung mit simplen Werkzeugen. Es gibt aber Anwendungsfälle, in denen verschiedene Hölzer nicht ausreichend fest sind, ein Materialmix verschiedener Holzsorten oder ein Verstärken gar mit GfK schafft dann Abhilfe. Einen möglichen Anwendungsfall haben wir schon kennengelernt, beim Aufbau unseres Leitwerks in die Rippenbauweise in Kapitel 6.1 sind wir auf ein Laminat Sperrholz/Balsa/Sperrholz gestoßen. Der Vorteil dieses Materialmix liegt auf der Hand, ein sehr leichter Kern aus Balsa bekommt einen Abschluß auf jeder Seite mit Hilfe von dünnem Sperrholz, der Verbund ist leicht und bombenfest. Verklebt werden die Lagen mit Epoxid zueinander, wobei auch hier auf den Maserungsverlauf der Hölzer zu achten ist. An zwei aneinandergrenzenden Schichten sollten die Maserungen immer 90 Grad zueinander laufen. Bei einem Höhenruderholm z. B. muß dann noch darauf geachtet werden, daß die beiden Sperrholzteile zum Beplanken des Holms so zugeschnitten werden, daß die Maserung steht, Abbildung 8.7 verdeutlicht dies. Zum Anfertigen von Bauteilen aus einem solchen Laminat aber immer erst

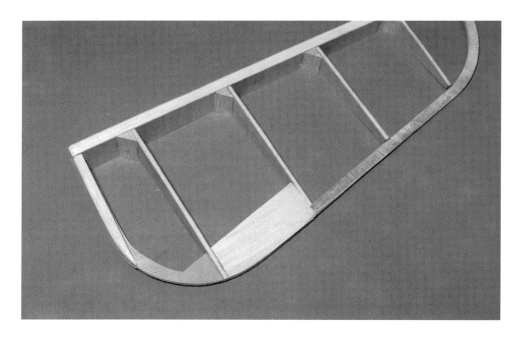

Abb. 8.7
Beim Laminieren eines Holms, z. B. für eine Höhenruderklappe, ist unbedingt darauf zu achten, daß die Maserung des Balsaholzkerns 90 Grad zur Maserung der aufgeklebten Sperrholzstreifen liegt

das Rohmaterial erstellen und dann die genaue Kontur herausarbeiten. Wer die Kontur des gewünschten Bauteils auf die drei Teile einzeln überträgt, sie exakt herausarbeitet und dann miteinander verkleben möchte, wird sein blaues Wunder erleben. Wir pressen die Teile nämlich mit Epoxidharz unter Druck zueinander, und das Harz wirkt während der Topfzeit wie Schmierseife, die Teile verrutschen zueinander, das ist nicht zu vermeiden. Aus dem Grund nehmen wir uns ein Balsabrett, streichen es auf beiden Seiten mit Harz ein und beschichten es mit den gewünschten Sperrhölzern. Die ganze Sache wird dann zum Austrocken auf ein ebenes Baubrett gelegt, mit einem zweiten abgedeckt und unter Gewichten gepreßt. Erst nach dem Abbinden haben wir unser Laminat vorliegen. Beim Pressen ist außerdem darauf zu achten, daß immer nur Materialgruppen gleicher Stärke zwischen den Platten zum Pressen liegen, wir können logischerweise nicht auf einmal ein 2-mm-Balsa und ein 5er Balsa beidseitig mit Sperrholz beschichten.

Wenn auch die Festigkeit eines Balsakerns durch eine beidseitige Beplankung mit Sperrholz um einiges zu erhöhen ist, reicht diese Maßnahme in manchen Anwendungsfällen nicht aus.

Denken wir einmal an Motorflugmodelle, und zwar solche mit einem Verbrennungsmotor unter der Haube. Dieser erzeugt dynamische Kräfte in Form

Abb. 8.8
Moderne Motorenaufhängungen bedingen eine Rückplatte, an der der Motor fest verschraubt ist, und Gummielemente, die diese Einheit gedämpft am Motorspant aufnimmt. Bei käuflichen Aufhängungen ist diese Rückplatte aus Alu gefräst, doch auch aus Holz ist sie herzustellen

von Drehmomentstößen, die unseren Holzrumpf gerne zum „Musizieren" anregen. Eine Übertragung von Schwingungen können wir durch moderne Motorenaufhängungen vermeiden, und aus genau diesem Bereich stammt unser Beispiel für das Verstärken von Holzteilen ausschließlich mit GfK oder CfK. Abbildung 8.8 zeigt Teile einer solchen Motorenaufhängung, achten wir einmal auf jenen Spant, an dem der Motor selber befestigt ist. Der Kern besteht aus 5-mm-Flugzeugsperrholz, beidseitig mit CfK beschichtet. Bei käuflichen Motoraufhängungen sind diese Rückplatten aus Aluminium gefertigt, aber wer sich mit Holz beschäftigt, wird in der Regel keine Metallfräse neben der Bandsäge stehen haben. Das Beschichten selber erfolgt dabei in zwei Schritten, jede Seite einzeln. Dazu legen wir auf ein ebenes Baubrett eine dünne PVC-Folie, die zusätzlich mit Trennwachs zu behandeln ist. Dann die PVC-Folie einmal mit Harz einstreichen, das zuvor zurechtgeschnittene Stück CfK-Gewebe auf das Harz auflegen und mit dem Pinsel so lange tränken, bis es auf der Oberfläche leicht glänzt, also in einem Harzbett liegt, nicht aber schwimmt! Das ist wichtig, da zuviel Harz an dieser Stelle schädlich ist. Soweit vorbereitet, den Holzkern auflegen, mit einer zweiten PVC-Folie abdecken und beschweren, wie beim Pressen üblich mit einer dicken Holzplatte. Alte Küchenarbeitsplatten oder deren

Abb. 8.9
Ein beschichtetes Sperrholzbrett mit Kohlefaser besitzt für unsere Anwendungsfälle die Festigkeit gleich starken Aluminiums, solange der Holzkern selber aus hochwertigem Flugzeugsperrholz besteht

Zuschnittreste aus dem Baumarkt sind dazu ideal. Wenn die eine Seite so behandelt ist, können wir das Gewebe an den Rändern beschneiden, sauber verputzen und dann die andere Seite bearbeiten. Wer meint, er könne beide Seiten eines Holzes auf einmal beschichten, kann dies gern tun, darf sich aber über zahlreiche Lufteinschlüsse nicht wundern, da beide Platten zum Pressen nie zueinander ganz eben sind.

Das Verstärken von Holzbrettern mit GfK oder CfK ist auch für andere Bauteile anwendbar, zu denken ist da an stark belastete Rippen oder Spanten.

9. Finish

Viel Mühe hat es gekostet, die eigene Konstruktion, das Baukasten- oder Bauplanmodell aufzubauen, der Rohbau steht endlich.

Dennoch liegt weiterhin ein großes Stück Arbeit vor uns, Folie, Lack und andere Werkstoffe stehen jetzt im Rampenlicht. An dieser Stelle sei das Thema Finish aber nicht in allen Tiefen ergründet, da es dazu im Neckar-Verlag ein spezielles Buch „Alles übers Finish" gibt, das seinen Titel nicht umsonst trägt. Hier soll nur ein Blick auf jene Aspekte fallen, die uns bei Holzmodellen besonderes Kopfzerbrechen bereiten könnten.

9.1 Holz natur

Wer sich mit Nachbauten von Zweckmodellen beschäftigt, wird kaum auf die Idee kommen, sein Modell im Sperrholz-Look zu belassen, andererseits macht dies aber gerade den Reiz an manchem vorbildgetreuen Nachbau aus. Es

Abb. 9.1
„Holz natur" ist ein reizvolles Finish, sauberes Arbeiten an den Schäftstellen ist Voraussetzung, das Versiegeln selber dann kein Thema mehr. Zweifacher Anstrich mit klarem Schnellschleifgrund sorgt für eine geschlossene, matte Oberfläche

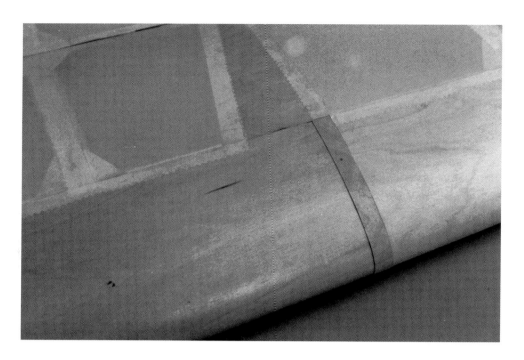

Abb. 9.2
Die mit einer Zackenschere beschnittene Begrenzung der Gewebefolie hat nicht nur optische Zwecke, sie vergrößert auch die Lauflänge der Kanten, an der später der Klarlacküberzug für zusätzlichen Halt zwischen Folie und Holz sorgen kann

bedeutet aber nicht, daß mit Aufbringen der Beplankung die Arbeit getan ist, die Oberfläche ist noch zu versiegeln. Aufgrund der Tatsache, daß sich Balsa an der Oberfläche sehr leicht eindrücken läßt, kommt es für ein solches Finish kaum in Frage, wir reden daher an dieser Stelle ausschließlich von einer Sperrholz-Beplankung. Egal, in welcher Materialstärke sie ausgeführt ist, sie ist noch gegen schmutzige Finger, ein paar Regentropfen oder andere „Gefahren" zu schützen.

Bei Segelflugmodellen kann dieser Schutz sehr sparsam ausfallen, da keine „schmutzproduzierende" Energiequelle unter einer Motorhaube sitzt. Es hat sich bewährt, Sperrholz ein- oder zweimal mit Clou-Schnellschleifgrund einzustreichen, die Oberfläche bekommt dadurch einen leichten, seidenmatten Glanz (Abbildung 9.1), sieht aber weiterhin nach Sperrholz aus und ist ausreichend gegen Wasser resistent. Ein Versiegeln mit Klarlack in mehreren Schichten ist durchaus möglich, hat aber den Nachteil, daß das Holz praktisch auf Hochglanz getrimmt wird, und so sah kein Original aus. Wer aber ein Motormodell mit der bereits erwähnten Schmutzschleuder unter der Haube im Holz-Look belassen möchte, kommt um das Schließen der Holzporen nicht umhin, da sich darin eingesetzte Ölrückstände nicht mehr herauslösen lassen. Die Oberfläche sähe sehr schnell very second hand aus, daher hilft nur das Behandeln mit Klarlack.

Abb. 9.3
Auch eine Konstruktion mit angesetzter Nasenleiste braucht nicht unbedingt ein farbiges Finish. Um so wichtiger ist aber das saubere Schäften des Sperrholzes am Rumpf

Gute Ergebnisse sind auf unbehandeltem Holz immer noch durch Walzen mit einer Schaumstoffrolle zu erreichen, da hierdurch der Lack direkt in die offenen Poren des Holzes gedrückt wird. Klar auch, daß sich nur seidenmatte Lacke empfehlen, hochglänzendes Holz sieht an Flugmodellen furchtbar aus.

Wer meint, er könne sein Holz mittels Kompressor und Spritzpistole versiegeln, irrt sich, unbehandeltes Holz läßt sich mit der Spritzpistole eben nicht mit Klarlack belegen, da die vielen kleinen Poren zu Luftverwirbelungen führen, lauter kleine Bläschen sind das Ergebnis in der Lackoberfläche. Aus diesem Grund kommt nur Lackauftrag mit Pinsel oder Rolle in Frage.

9.2 Balsa pur

Wie in Kapitel 9.1 bereits angeschnitten, hat Balsa jenen Nachteil, daß es in der Oberflächenhärte gegenüber Sperrholz hinterherhinkt, schnell sind während des Transports kleine Dellen in die Oberfläche gedrückt. Dennoch gibt es zahlreiche Modelle, vor allem Baukasten-Konstruktionen, deren Beplankung ausschließlich aus Balsa besteht. Die Minimalstlösung für eine Balsaoberfläche ist immer noch deren Belegen mit dünnem Papier aus dem Modellbau-Fachgeschäft. In der Regel finden sich dort verschiedene Sorten und Farben, deren Gewicht entweder 12 g/m² oder 24 g/m² beträgt. Dieses Papier entweder mit Spannlack oder ver-

Abb. 9.4
Balsa pur läßt sich mit Sperrholz durchaus kombinieren, so wie auf diesem Foto zu sehen. Die Dämpfungsfläche und Ruderklappen des Leitwerks aus Balsa können dazu einfach ganz dünn mit Papier oder Seide überzogen werden

dünntem Holzleim aufs Balsa aufbringen. Wer mit einem Papierfinish den Eindruck eines naturbelassenen Holzrumpfs erwecken möchte, ist auf das Wort Imitation angewiesen, es wird nie danach aussehen. Als Farbton hat sich für diese Vorgehensweise Gelb bewährt, eine so behandelte Balsaoberfläche sieht dann zumindest ein bißchen antik aus. Durch die Behandlung mit Spannlack oder dem Wasser-Weißleim-Gemisch erhält die Balsaoberfläche auch etwas mehr Härte, dennoch bleibt sie empfindlich, transportieren heißt hier die Devise, nicht in den Kofferraum werfen und den Teilen zwischen den Radkästen freien Lauf lassen.

9.3 Folie auf Holz

Das Folienfinish ist bei Tragflächen die häufigst angewendete Praxis, sparen wir uns doch das Hantieren mit Lacken und Schleifpapier. Wir wollen an dieser Stelle einige Besonderheiten im Umgang mit Folie auf Holz betrachten, sie schließen direkt an den puren Holz-Look an. In einem Fall sollen Rumpf und Tragflächen soweit es irgend geht Holz als Oberflächenmerkmal tragen. Bei Tragflächen kommen wir natürlich nicht umhin, die Rippenfelder mit Folie zu bespannen. Wer hier den Antik-Look konsequent durchzieht, darf dann nicht auf glatte Bügelfolien

Abb. 9.5
Um mittels Lack der sehr geringen Kontaktfläche zwischen Holz und Folie bei „Natur"-Finish zusätzlichen Halt zu geben, ist mit einem Pinsel Klarlack "gegen den Strich" aufzutragen

zurückgreifen, sondern muß die verschiedentlich im Angebot befindlichen Gewebefolien verwenden. Diese unterscheiden sich gegenüber herkömmlicher Bügelfolie nur in der Oberflächenstruktur, auf der Rückseite sind sie ebenfalls mit einem Kleber beschichtet, der unter Temperatureinwirkung aktiv wird und sich mit dem Untergrund verbindet. Das Schließen ausschließlich der Rippen-felder einer Tragfläche und nicht das komplette Einschlagen von der Nase bis zur Endleiste birgt aber Risiken in sich, da wir irgendwo Halt für die Folie finden müssen. Der erste Schritt ist das genaue Zurichten des Folienstücks. Arbeiten mit Übermaß und anschließendes Beschneiden der Kanten ist nur noch an der Endleiste möglich. Die drei anderen Ränder sind also genau zuzurichten und der lieben Optik wegen noch mit einer Zackenschere auf antik zu trimmen (Abbildung 9.2). Unsere Hauptsorge ist nun, auf der relativ glatten Sperrholzoberfläche die Gewebefolie zu befestigen. Wir beginnen daher auf der Profilunterseite, wie das bei einem „normalen" Folienfinish auch üblich ist. Die Folie wird nun mit dem Bügeleisen auf dem Holz festgeheftet, so gut, wie es irgend geht. Aber nur an den Rändern, im Bereich der Aufleimer die Folie noch nicht festheften. Nun wird die Sache mit einem Heißluftföhn so gestrafft, daß sich die Gewebefolie über alle Rippenfelder hin sauber legt. Allzu starkes Schrumpfen ist zu vermeiden, sonst löst sich die Folie an den Rändern ab, dort steht ja nur relativ wenig Kontakt-

Abb. 9.6
Die Konstruktion Folie auf Holz sieht optisch sehr ansprechend aus. Bei dieser Konstruktion ist zudem das Streben nach geringem Gewicht gut zu erkennen. Die einzelnen Rippen besitzen keine Aufleimer

fläche für die Verbindung Folie/Holz zur Verfügung. Ist das Straffen über alle Rippenfelder erfolgt, heften wir die Folie mit dem Bügeleisen auch an den Aufleimern fest, die Sache hält aber recht passabel. Es empfiehlt sich, die Fläche umzudrehen und alle von unten erreichbaren Kontaktflächen zwischen Folie und Holz mit Sekundenkleber zusätzlich zu fixieren. Dazu kommt natürlich nur dünnflüssiger in Frage, da er ja den dünnen Spalt zwischen Folie und Holz fluten muß. Damit ist die Folie auf der Unterseite bombenfest, das gleiche Spiel beginnt auf der Profiloberseite. Natürlich kann jetzt nirgendwo mehr mit dem Sekundenkleber der Halt vergrößert werden, da von der Innenseite her kein Zugang mehr möglich ist. Ein Versuch, von außen mit Sekundenkleber zu arbeiten, ist zum Scheitern verurteilt, da wir uns den Übergang Holz/Folie optisch versauen. Aber es gibt noch eine Möglichkeit, auch bei Segelflugmodellen sind ja Gewebefolie und Holz noch mit einem dünnen Lacküberzug zu schützen. Der Autor verwendet für das Versiegeln bei solchen Tragflächen einen Zweikomponenten-Klarlack (z.B. von extron/Fachhandel), er läßt sich mit Nitroverdünnung gut „einstellen" und mit einer Schaumstoffwalze auftragen. Bevor nun die großen Flächen der Gewebefolie und Holz damit behandelt werden, mit einem Pinsel den Zackenrand der Folie nach Abbildung 9.5 einstreichen. Der Lack „kriecht" so von außen ein wenig unter die Gewebefolie und sorgt für zusätzliche Verklebung mit dem Holz. Ein zweiter Lackauftrag erfolgt ja noch, die gesamte Tragfläche ist noch mit Lack und Walze zu behandeln. Am Ende hält die Verbindung Folie/Holz ausreichend, selbst im Sommer unter Mittagshitze löst sich so aufgebrachte Gewebefolie nicht mehr von ihrem Untergrund ab.

9.4 Jetzt kommt Farbe ins Spiel

Im Verlauf dieses Kapitels waren wir bisher nur darum bemüht, unser Modell so wenig wie möglich mit Farbe oder Spachtel zu behandeln. Wenn eine Holzoberfläche hingegen noch mit Farbe lackiert werden soll, so ist der in Kapitel 9.3 beschriebene Aufwand zum Aufbringen der Gewebefolie mit Zackenschere natürlich unsinnig, wir schlagen in diesem Fall die Tragfläche von der Nase bis zur Endleiste komplett mit eingefärbter Folie ein, Gewebefolie läßt sich sogar hervorragend mit Walze und Lack noch nachträglich auf entsprechende Farbe trimmen.

Beim Rumpf besteht sogar noch die Möglichkeit, die Oberfläche zusätzlich zu härten, dies ist vor allem dann notwendig, wenn Balsa als Beplankungsmaterial dient. Es ist empfehlenswert, den Rumpf mit einer Lage 27 g/m²-Glasgewebe zu überziehen, aber bitte nicht mit Expoxidharz, das läßt sich hinterher schlecht schleifen, sondern mit DDS-Lack oder einem gut schleifbaren 2-K-Klarlack. Wir legen also unser zugeschnittenes Glasgewebe auf die Holzoberfläche, streichen den DDS-Lack durch bis auf's Holz, so daß sich beide verbinden, und lassen den Lack aushärten. Nach dem Trocknen können wir noch zwei bis dreimal die Oberfläche mit DDS-Lack überstreichen, das Beimischen von Talkum erlaubt beim späteren Schleifen das bessere Erkennen der Passagen, die bereits geschliffen sind, da sie eine stumpfe, hellere Oberfläche erhalten. Nach sauberem Verschleifen und Fillern kann der Rumpf z.B. spritzlackiert werden, eine glatte Oberfläche erlaubt dies.

Abb. 9.7
Ein Farb-Finish muß einen Holzrohbau nicht abwerten, sondern kann im Gegenteil das I-Tüpfelchen auf den gebrachten Bauaufwand sein

Abb. 9.8
Dieser Condor IV, gesehen beim Seglertreffen in Aldingen, glänzt durch ein perfektes, seidenmattes Farbfinish. Das Modell erhält dadurch erst seine ganz bestimmte Note, es muß also nicht immer "Holz natur" sein

Abb. 9.9
Der Abschluß des Buchs soll nun das Foto eines Amaturenbretts sein, auch das gehört zum Thema Finish. Die Instrumente sind ins Holz eingelassen, kleine M2-Schrauben mit Zylinderkopf imitieren die Befestigung

HEERDEGEN BALSAHOLZ

Bröckerweg 66
49082 Osnabrück
Telefon ISDN 05 41/5 14 14
Telefax ISDN 05 41/5 28 11 64
für anspruchsvolle Modellbauer ein Begriff

Wir führen Balsaholzbrettchen in allen Abmessungen, auch Überlängen und -breiten sowie Flugzeugsperrholz in Birke und Buche. Sperrhölzer in Pappel, Birke, Nussbaum, Teak und Mahagoni. Außerdem fertigen wir Leisten in allen Abmessungen in 17 verschiedenen Holzarten. Rundstäbe in 5 verschiedenen Holzarten. Abachifurnier führen wir in 1 mm Stärke. Außerdem liefern wir Klebstoffe, Harze, Glasgewebe, GfK- und CfK-Platten, Rundstäbe und Rohre. Wir führen auch Bügelfolien, Kunststoffplatten und Profile. Wellpappen, Farbkartons und Akkus. Alle Artikel in 1a Qualität zum günstigen Preis. Bitte fordern Sie unsere Preisliste gegen Einsendung von 1,50 € in Briefmarken an.

www.Heerdegen-Balsaholz.de

Aus unserem Angebot

Heinz Sasse
Tipps und Kniffe
Viele Tipps für den Modellbauer
7. Auflage 2003
96 Seiten, 56 Abbildungen
ISBN 3-7883-1104-5
Best.-Nr. 104
€ 8,40 [D] / sFr. 15,60

Helmut Drexler
Segelflugmodell-Tragflächen
Schwächen und ihre Beseitigung - Verstärkungen und Umbauten
1994. 48 Seiten, 55 Abbildungen
ISBN 3-7883-1122-3
B.-Nr. 122
€ 7,20 [D] / sFr. 13,50

Neckar-Verlag GmbH • 78045 Villingen-Schwenningen
Tel. 0 77 21 / 89 87 - 0 (Fax - 50)

Axels Scale Pilots · Robert-Bunsen-Str.62 · 65428 Ruesselsheim   FON +49 (0)6142.51283   FAX +49 (0)6142.794068

WWW.AXELS-SCALE-PILOTS.DE
SCALE PILOTS · ACCESSOIRES · COCKPITPARTS

Aus unserem Angebot

Ralph Müller/Rüdiger Götz
Cockpitausbau
1999. 136 Seiten, 178 Abbildungen,
davon 25 in Farbe
ISBN 3-7883-1137-1
Best.-Nr. 137 € **16,40 [D] / sFr. 29,50**

Karl-Heinz Denzin
Bauen und Fliegen
Freiflug- und Fernlenkmodelle
11. Auflage 2004
143 Seiten, 122 Abbildungen
ISBN 3-7883-2108-3
Best.-Nr. 108 € **14,40 [D] / sFr. 26,50**

Dick van Mourik
Scale-Fibel
Scale-Flugzeugmodelle selbst
konstruiert und gebaut
1999. 304 Seiten, zahlreiche techni-
sche Zeichnungen, 221 Abbildungen,
viele davon in Farbe
ISBN 3-7883-0651-3
Best.-Nr. 651 € **24,60 [D] / sFr. 44,50**

Ralph Müller
Alles übers Finish
Papier, GfK, Folie, Bespannung,
Grundierung, Lackierung
4., vollständig überarb. Auflage 2000
120 Seiten, 23 in Farbe, 106 s/w
Abbildungen
ISBN 3-7883-2625-5
Best.-Nr. 625 € **17,90 [D] / sFr. 32,50**

Natürlich von **Neckar-Verlag GmbH** • 78045 Villingen-Schwenningen
Tel. 0 77 21 / 89 87 - 0 (Fax - 50)
E-Mail: bestellungen@neckar-verlag.de • www.neckar-verlag.de